**Autoren: Hans-Jürgen Hellberg/ Jürgen Schlüsing**
**Umschlaggestaltung: Hans-Jürgen Hellberg/ Jürgen Schlüsing**
**Cover-Foto: Hans-Jürgen Hellberg**

Bibliografische Information der Deutschen Nationalbibliothek:
Die Deutsche Nationalbibliothek verzeichnet diese Publikation in der Deutschen Nationalbibliografie; detaillierte bibliografische Daten sind im Internet über dnb.dnb.de abrufbar.



Herstellung und Verlag: BoD – Book on Demand, Norderstedt

ISBN: 9783754337486

MIX
Papier aus verantwortungsvollen Quellen
Paper from responsible sources
FSC® C105338
FSC www.fsc.org

Die Autoren, der Dipl.-Physiker Hans-Jürgen Hellberg und der Bauingenieur Dr. Karl Jürgen Schlüsing haben in ihren Vorlesungen für Studienanfänger des Studienganges Wirtschaftsingenieur immer wieder feststellen müssen, dass die vorhandenen mathematischen Grundlagen nicht ausreichen, um sich die naturwissenschaftlichen Grundlagen gleich zu Beginn des Studiums erfolgreich zu erarbeiten. Aus diesem Grund ist die Übungsheftreihe (Booklet-Reihe) für Mathematik und Naturwissenschaften entstanden. Der vorliegende Band I ist eine Zusammenfassung der ersten drei Übungshefte Naturwissenschaften und der vier Übungshefte Mathematik und soll den Stoff fürs erste Semester an einer Hochschule abdecken.

Die hier enthaltenen Übungshefte unterscheiden sich von den typischen Lehrbüchern, die vollständige Themenbereiche abdecken und meistens sehr umfangreich sind. Dadurch, dass jedes Übungsheft für ein einzelnes Thema steht, kann sich der Student gezielt auf das gewünschte Thema konzentrieren, ohne ein umfangreiches Lehrbuch oder verschiedene Bücher durchblättern zu müssen. Die Themen in den Übungsheften werden jeweils auf 25 bis 50 Seiten abgehandelt und wo erforderlich mit dem Verweis auf andere Übungshefte versehen. Im Falle der Naturwissenschaften erfolgt der Verweis an gegebener Stelle, auf die ergänzenden Übungshefte der Mathematikserie. Zudem findet der Student im Anhang weitere Literaturhinweise zur Physik und Mathematik.

Dieses System ermöglicht dem Studenten, Schwerpunkte zu setzen, das Wissen durch kurze Wiederholungen zu festigen und sich schnell und leichter auf Prüfungen vorzubereiten.

**Band I von IV**

Inhalt:




Für die zahlreichen Anregungen bedanke ich mich bei
Frau Dipl.-Ing. Leniana Ibraeva und meinem Partner Dr.-Ing. Jürgen Schlüsing.

# *Naturwissenschaften*
## *Physikalische Grundlagen*

**Einleitung**

**Um in die Physik der Schwingungen einzusteigen, soll im Folgenden die Federschwingung als Beispiel dienen.**

In diesem Fall gehen wir von einer Feder aus, die am oberen Ende befestigt ist und an deren unterem Ende ein Gewicht hängt. Ziehen wir jetzt am Gewicht und damit die Feder in die Länge, so beginnt sie zu schwingen, sobald wir das Gewicht loslassen. Die Feder schwingt somit senkrecht zur Gleichgewichtslage, der horizontalen Linie (Abszisse).

**Ein anderes Beispiel ist das Pendel**.

Bei diesem Beispiel kann es ein Faden oder ein Uhrenpendel sein, an dessen Ende ein Gewicht befestigt ist. Lenken wir das Pendel aus, so beginnt dieses um die senkrechte Linie (Ordinate) zu schwingen. Eine gängige Beschreibung ist das mathematische Pendel, das aus einem aufgehängten Faden besteht und an dessen unterem Ende eine Masse m hängt, wobei die Masse des Fadens vernachlässigt wird.

Weitere Beispiele sind: Schwingkreise, Elektronen in einer Antenne oder im atomaren Bereich und viele mehr.

Zum Verständnis soll uns hier aber die Beschreibung der Federschwingung reichen.

## Schwingungen Basiswissen

**Um Schwingungen zu beschreiben, müssen wir uns mit verschiedenen Begriffen vertraut machen, um sie dann zu berechnen.**

***Grundlegende Begriffe sind:***

Amplitude, Frequenz, Periode, harmonischer Oszillator ohne Dämpfung, harmonischer Oszillator mit Dämpfung, erzwungene Schwingungen, Resonanzkatastrophe, Überlagerung von Schwingungen (resultierende Phänomene)

> Voraussetzungen für die Berechnung von Schwingungen sind die Kenntnisse der **trigonometrischen Funktionen,** der **Frequenz** und der **Kreisbewegungen**.

**Trigonometrische Funktionen:** Sinus, Cosinus, Tangens und Cotangens *(siehe Mathematik Grundlagen Übungsheft 4: 1.14.5).*
Basis für das Verständnis und der Berechnung der Schwingungen ist zunächst das Verstehen der Sinus- und Cosinusfunktion, wobei letztere nur um 90° zum Sinus verschoben ist. Aus diesem Grund reicht es zunächst, die Sinusfunktion zu verstehen:

$$\mathbf{Y = A \sin (x)}$$

Als **Amplitude** wird in der obigen Funktion der Faktor **A** bezeichnet. Hierzu wird die Sinusfunktion $y = \sin (x)$ zugrunde gelegt.
Legen wir den Einheitskreis mit dem Radius zugrunde, dann hat die Funktion den größten Wert 1 und den kleinsten Wert -1 (für den Einheitskreis wird der Radius gleich 1 gesetzt).
Die Funktion hat den Wertevorrat $-1 \leq y \leq 1$. Der Wert x in der Klammer von sin (x) wird als Argument bezeichnet.

> **Merksatz 1.1 Amplitude**
>
> Die Multiplikation mit einem konstanten Faktor **A**, liefert Funktionen, die den gleichen periodischen Charakter haben (wie A sin (x)), deren Maximum aber größere oder kleinere Werte annimmt).

In der Abbildung Abb. 1.1 finden sie die Sinusfunktion A sin ( x ) für die Amplitude (Maßstab frei wählbar) A = 1 (siehe Skizze unten). Machen sie sich klar, was es für andere Amplituden wie A = 2 und A = 0,5 bedeutet.

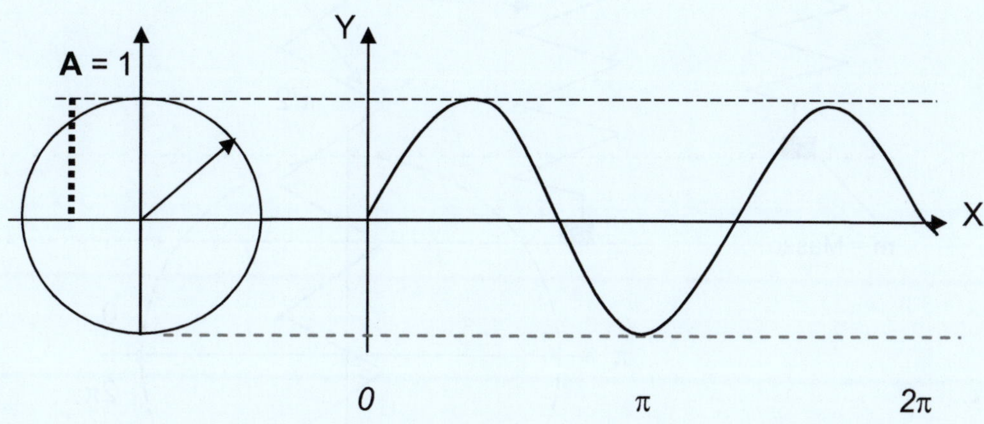


**Abb. 1.1** Sinusfunktion

## Bedeutung der *Frequenz, Kreisfrequenz und Winkelgeschwindigkeit*

**Merksatz 1.2**

Die **Frequenz** ist die Zahl der Schwingungen im Zeitintervall 1 sec, wobei die **Kreisfrequenz** ω definiert ist als die Zahl der Schwingungen im Zeitintervall 2 π / sec und die **Winkelgeschwindigkeit** (auch mit ω bezeichnet) ist der in einer bestimmten Zeit überstrichene Winkel.

**Merksatz 1.3**

Eine **Periode** ist die Zeit, die für eine abgeschlossene Schwingung erforderlich ist. Im Falle einer kreisförmigen Bewegung durchläuft ein Teilchen alle Punkte des Kreises in regelmäßigen Zeitintervallen.

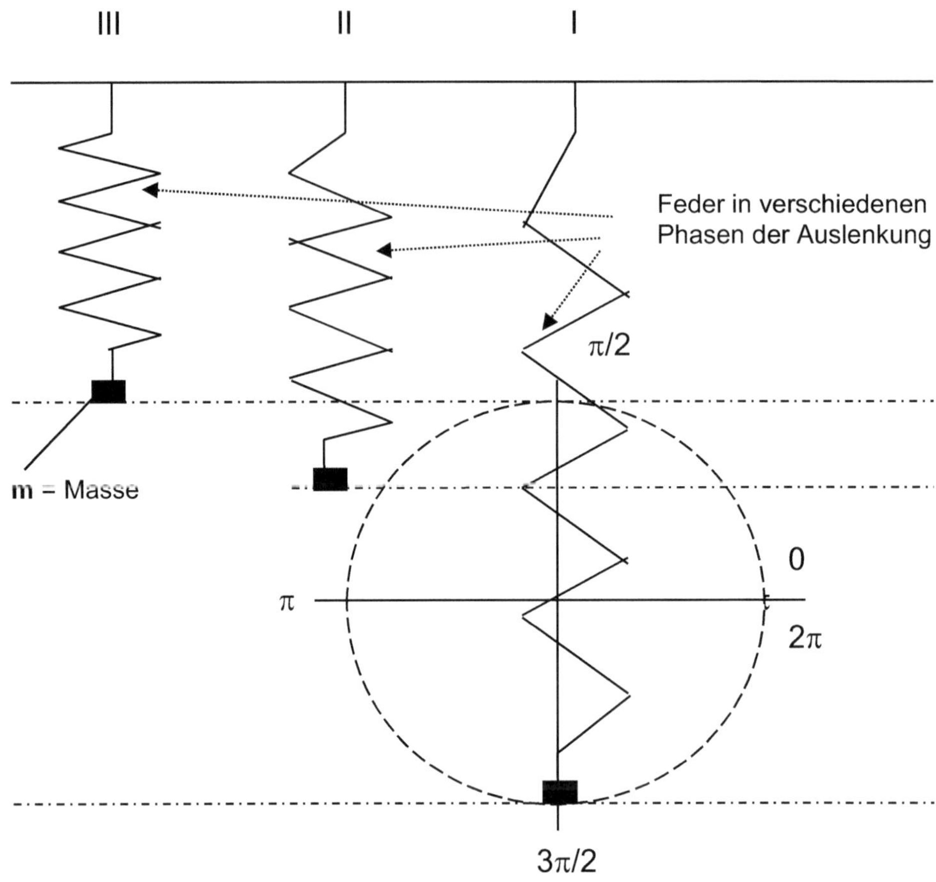


**Abb. 1.2** Veranschaulichung von Frequenz und Kreisfrequenz

Wir gehen von einer harmonischen Bewegung aus (Merksatz 1.4 unten).

Wie in der Abbildung Abb. 1.2 dargestellt, schwingt die Feder vertikal. Diese Bewegung lässt sich auch auf den Kreis rechts übertragen. Obwohl die Feder keine Kreisbewegung ausführt, lässt sich jede Auslenkung der Feder auf den Kreis übertragen. Drehung von rechts nach links.

In der Abbildung wäre dies die Position I ganz unten bei $3\pi/2$
Position II entspricht einem Stand zwischen 0 und $\pi/2$ bzw. $\pi/2$ und $\pi$
Position III entspricht $\pi/2$
Die Bewegung beginnt bei 0 und endet bei $2\pi$.

Diese so durchlaufene Kreisbewegung entspricht dann entsprechend der Häufigkeit der Umläufe pro Zeiteinheit der Kreisfrequenz. Mathematisch betrachtet, bewegt sich ein Punkt auf dem Kreis von 0 bis $2\pi$.

Die Kreisfrequenz wird mit $\omega = 2\pi / T$. T bezeichnet die Zeit für einen vollständigen Umlauf.

**Merksatz 1.4**

Ein Teilchen führt eine **einfache harmonische Bewegung** aus, wenn seine Verschiebung x relativ zum Koordinatenursprung als Funktion $Y = A \sin(\omega t + \alpha)$ gegeben ist. Hierbei ist $(\omega t + \alpha)$ die Phase und $\alpha$ die ursprüngliche Phase zum Zeitpunkt $t = 0$ mit $\omega = 2\pi / T$, $\omega t + \alpha$ Bewegung nach links, $\omega t - \alpha$ nach rechts.

Betrachten wir die Sinusfunktion $y = \sin(bx)$, dann ist das Argument x mit einem konstanten Faktor multipliziert. In der Klammer steht eine Funktion von x: bx.

**Die Periode ist die kleinste Zahl $x_p$, für die nachfolgend gilt:**

$\sin(b(x + x_p))$ entspricht $\sin(bx)$ bzw.
$\sin(bx + bx_p)$ entspricht $\sin(bx)$

da jede Sinusfunktion die Periode $2\pi$ hat ist:

$\sin(a + 2\pi) = \sin(a)$ und damit ist:

$bx = a$ und $bx_p = 2\pi$

die Periode von $y = \sin(bx)$ ist somit:

$x_p = 2\pi / b$, damit erkennt man, dass wenn z.B. der Betrag von b: $|b| < 1$ ist, dass dann die Periode größer als $2\pi$ wird.

**Versuchen Sie jetzt selbst** die Wertetabelle zu vervollständigen und skizzieren Sie den Graphen.

| x | 2x | sin 2x |
|---|---|---|
| 0 | | |
| $\pi/4$ | | |
| $\pi/2$ | | |
| $3\pi/4$ | | |
| $\pi$ | | |
| $5\pi/4$ | | |
| $3\pi/2$ | | |

Erklären sie an einem Beispiel die Bedeutung der Kreisfrequenz (siehe oben).

Bestimmen Sie die Geschwindigkeit und zeigen Sie, dass bei einer einfachen harmonischen Bewegung die Beschleunigung des Teilchens proportional und entgegengesetzt zur Verschiebung ist.

**Anleitung:** Wir betrachten hierzu die Schwingung eines Teilchens an einem beliebigen Punkt Y siehe Abb. 1.3. Die Schwingung hat dann in Abhängigkeit von der Zeit immer eine bestimmte Auslenkung am Punkt Y, diese können wir am Punkt Y mit A sin ($\omega t$ - $\alpha$) beschreiben. Wollen wir jetzt dem Teilchen eine Geschwindigkeit v zuordnen, dann müssen wir den Weg nach der Zeit ableiten (v= dy/dt) und erhalten für v= $\omega$A cos ($\omega t$ - $\alpha$). Jetzt übertragen wir die Werte auf den Kreis links (unten) und übertragen diese Werte auf die Zeitachse links (Skizze unten). Denken sie daran, dass meistens für den Weg der Buschstabe x gewählt wird, hier nehmen wir y, da dies die Schwingungsrichtung ist, $\alpha$ sei hier =0. Werte frei wählbar.

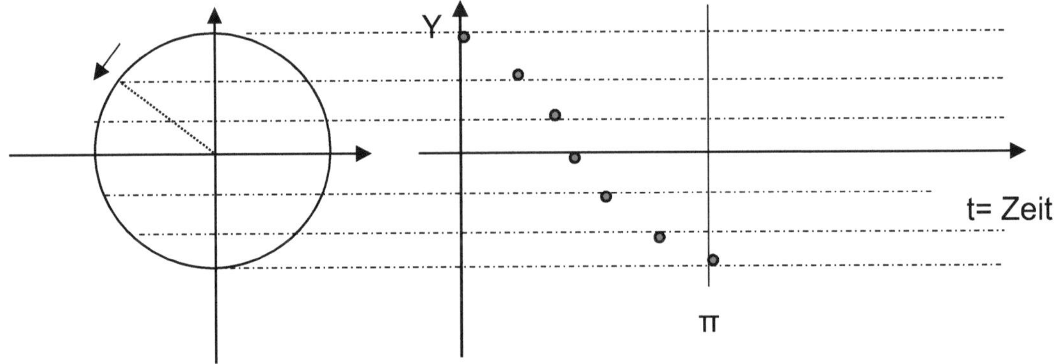


**Abb.1.3** Darstellung einer vertikalen Schwingung als Kreisbewegung

**Schwingungsfähige Systeme.** In der Physik spricht man in diesem Zusammenhang von harmonische und unharmonische Oszillatoren:

## I) Der freie und ungedämpfte harmonische Oszillator

Für unser Beispiel bedeutet dies, das mit zunehmender Auslenkung eine Kraft wirkt, die der Auslenkung entgegenwirkt, dabei nimmt die Kraft mit der Auslenkung proportional zu.

**Vorgaben:**

Eine Masse m hängt an einer Feder Abb. 1.4, die Feder wird um die Strecke x gedehnt, dabei spielt die Federkonstante D eine Schlüsselrolle. Sie ist definiert als Kraft zur Auslenkung F/x.

Hinweis:

Es sollen nur kleine Auslenkungen erfolgen, dann gilt für die rücktreibende Kraft das Hookesche Gesetz:

$F = - Dx \quad \text{mit } D > 0$

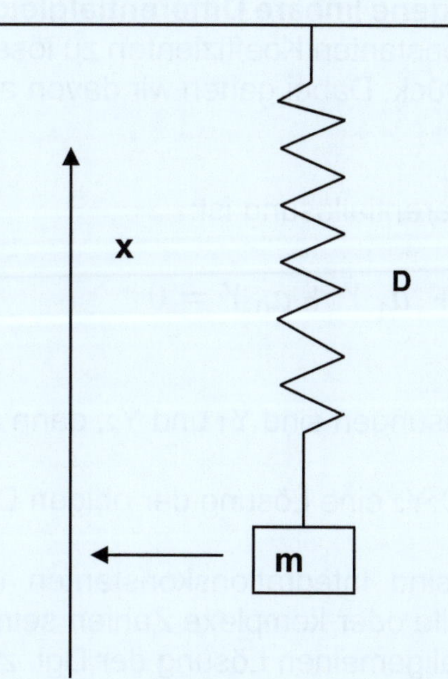


**Abb. 1.4** Freier und ungedämpfter harmonischer Oszillator (es findet keine Reibung statt)

Dann ist die Newton´sche Bewegungsgleichung:

$m\ddot{X}(t)$ = - Dx (t), mit dem Weg X zweimal nach der Zeit abgeleitet oder mit der Kreisfrequenz $\omega$:

$\ddot{X}(t) = -\ \omega^2{}_0\ x\ (t)$ (Beschleunigung) mit $\omega^2{}_0 = D / m$.

Wie aber kommen wir auf diese Bewegungsgleichung? Da wir wissen, dass eine Schwingung vorliegt, müssen wir die Winkelgeschwindigkeit ableiten und erhalten für die Beschleunigung $\omega^2{}_0\ x\ (t)$ (Exkurs 1.1 Seite 30 ((Bogenmaß) Winkelgeschwindigkeit).

**Grundgesetze der Physik werden oft mit Hilfe von Gleichungen formuliert**, in denen man Ableitungen dieser Gleichungen vorfindet. Von besonderer Bedeutung sind hierbei die linearen Differentialgleichungen. Die Lösungen sind nicht immer ganz einfach. Physiker benutzen, wenn es möglich ist, das Verifikationsprinzip. Kommt man hier nicht weiter, versucht man die Lösung systematisch herbeizuführen. Da dem Ungeübten die Erfahrung für das Verifikationsprinzip fehlt, werden wir den zweiten Weg wählen. Die hier beschriebene Mathematik ist ein Werkzeug, auf das wir nicht verzichten können. Dies gilt auch für den harmonischen Oszillator (Exkurs 1.2. Teil I Differentialgleichungen (DLG) Seite 31 und Teil II Seite 33).

**Um allgemein eine homogene lineare Differentialgleichung** 2-ter (oder auch 1-ter) Ordnung mit konstanten Koeffizienten zu lösen, greifen wir auf den Exponentialansatz zurück. Dabei gehen wir davon aus, dass wir zwei Lösungen ermittelt haben:

Die lineare homogene Differentiallösung ist:

$$a_2\,\ddot{Y} + a_1\,\dot{Y} + a_0\,Y = 0$$

die zwei verschiedenen Lösungen sind $Y_1$ und $Y_2$, dann ist auch

$Y = C_1 Y_1 + C_2 Y_2$ eine Lösung der obigen Dgl.

$C_1$ und $C_2$ sind Integrationskonstanten und können hier beliebige reelle oder komplexe Zahlen sein, dann haben wir es mit einer allgemeinen Lösung der Dgl. zu tun.

**Zum allgemeinen Verfahren:**

Wir nehmen wieder die lineare homogene Dgl.:

$$a_2\,\ddot{Y} + a_1\,\dot{Y} + a_0\,Y = 0$$

Diese Differentialgleichung können wir mit dem Exponentialansatz (Mathematik Übungsheft 5: Differentialrechnung) lösen:

Hierzu setzen wir für Y die Funktion $e^{rx}$

ein und bilden hiervon die erste und zweite Ableitung, die wir wiederum in die obige Gleichung einsetzen und erhalten dann:

$$a_2 r^2 e^{rx} + a_1 r\, e^{rx} + a_0\, e^{rx} = 0$$

durch ausklammern von $e^{rx}$

ergibt dies: $e^{rx}\,(\,a_2\,r^2 + a_1 r + a_0\,) = 0$

$e^{rx}$ ist dabei für jeden endlichen Wert von x von Null verschieden, weshalb der Wert in der Klammer gleich Null sein muss.

Wir dividieren durch $e^{rx}$ und erhalten somit eine Bestimmungsgleichung für r:

$$a_2\,r^2 + a_1\,r + a_0 = 0$$

Um diese zu lösen, greifen wir auf die 1. Binomische Formel zurück *(siehe Mathematik Übungsheft 2: 1.8):*

$$(a + b)(a + b) = a^2 + 2ab + b^2$$

Zunächst dividieren wir $a_2\,r^2 + a_1\,r + a_0 = 0$ durch $a_2$

Dies ergibt:

$$r^2 + \frac{a_1}{a_2} r + \frac{a_0}{a_2} = 0$$

Jetzt nutzen wir die 1. Binomischen Formel und mit a = r und b = $\frac{a_1}{2a_2}$ ergibt sich:

$$\left(r + \frac{a_1}{2a_2}\right)\left(r + \frac{a_1}{2a_2}\right) = r^2 + 2r \frac{a_1}{a_2} + \left(\frac{a_1}{2a_2}\right)^2$$

Jetzt fügen wir entsprechend unserer Differentialgleichung

$$r^2 + \frac{a_1}{a_2} r + \frac{a_0}{a_2} = 0$$

die quadratische Ergänzung hinzu, ziehen b² ab und erhalten:

$$r^2 + 2r \frac{a_1}{2a_2} + \left(\frac{a_1}{2a_2}\right)^2 - \left(\frac{a_1}{2a_2}\right)^2 + \frac{a_0}{a_2} = 0$$

Mit der 1. Binomischen Formel (a + b)(a + b) ergibt dies:

$$\left(r + \frac{a_1}{2a_2}\right)\left(r + \frac{a_1}{2a_2}\right) - \left(\frac{a_1}{2a_2}\right)^2 + \frac{a_0}{a_2} = 0$$

$$\left(r + \frac{a_1}{2a_2}\right)\left(r + \frac{a_1}{2a_2}\right) = \left(\frac{a_1}{2a_2}\right)^2 - \frac{a_0}{a_2}$$

Mit Hilfe der quadratischen Ergänzung erhalten wir, wenn $r_1$ und $r_2$ verschieden sind somit:

$$r_{1/2} = -\frac{a_1}{2a_2} \pm \sqrt{\frac{a_1^2}{4a_2^2} - \frac{a_0}{a_2}}$$

zwei Lösungen:

$$Y_1 = e^{r_1 x} \quad \text{und} \quad Y_2 = e^{r_2 x}$$

Dann ist die allgemeine Lösung mit den Konstanten $C_1$ und $C_2$:

$$Y = C_1\, e^{r_{1}x} + C_2\, e^{r_{2}x}$$

Wichtig ist, dass die beiden Lösungen sich nicht für alle X-Werte aus dem betrachteten Intervall abbilden lassen. Diese Lösungen dürfen nicht durch Multiplikation mit einem konstanten Faktor auseinander entstehen. Diese Art Lösungen werden als linear unabhängig bezeichnet. In der Physik werden diese Konstanten durch die Rand- oder auch Nebenbedingungen des betrachteten Systems ermittelt.
Die Lösungen selbst können in Abhängigkeit der Konstanten stark voneinander abweichen.

Um zu einem physikalischen Ergebnis zu gelangen, ist es jetzt wichtig den Wurzelausdruck genau zu untersuchen, dabei erkennen wir, dass wir 3 Ergebnisse erhalten (die Zahl unter der Wurzel wird als Radikand bezeichnet):

$$\left(\frac{a_1^2}{4a_2^2} - \frac{a_0}{a_2}\right)$$

**Fall 1)** Ist der Wert ist positiv, dann sind r 1 und r2 reell unterschiedlich.

**Fall 2)** Ist der Wert ist negativ, dann sind r 1 und r2 komplexe Zahlen und konjugiert komplex zueinander.

**Fall 3)** Ist der Wert ist gleich Null, dann erhält man die Doppelwurzel

$$r_1 = r_2 = -\frac{a_1}{2a_2}$$

zu Fall 1) dieser erfordert keine weitere Erklärung
zu Fall 2) diesen müssen wir uns etwas genauer anschauen, denn in der Physik interessieren wir uns hauptsächlich für reelle Lösungen, da diese eine reale anschauliche Bedeutung haben.

Vereinfachen wir das Ganze und schreiben für:

$$r_1 = a + ib \quad \text{und} \quad r_1 = a - ib$$

$$a = \; -\frac{a_1}{2a_2}$$

und $\quad b = \sqrt{\frac{a_1^2}{4a_2^2} - \frac{a_0}{a_2}}$

Bitte machen Sie sich ggf. mit komplexen Systemen vertraut *(Mathematik Übungsheft 15: Komplexe Zahlen*

Setzen Sie $r_1 = a + ib$ , $r_1 = a \; - ib$ ein, dann erhalten wir die allgemeine Lösung:

$$Y = \; C_1 \, e^{r_1 x} \; + \; C_2 \, e^{r_2 x}$$

$$Y = \; C_1 e^{(a+ib)x} \; + \; C_2 \, e^{(a-ib)x}$$

$$Y = \; e^{ax} \left( C_1 e^{ibx} \; + \; C_2 \, e^{-ibx} \right)$$

Ziehen wir jetzt die Eulerschen Gleichungen heran:

$$e^{\pm ix} = \cos x \;\; \pm \;\; i \sin x$$

und ersetzen die komplexe Exponentialfunktion durch
cos- und sin- Funktionen, dann erhalten wir:

$$Y = \; e^{ax} \left[ C_1 \left( \cos bx + \;\; i \, sin \;\; bx \right) + \; C_2 \left( \cos bx - i \sin bx \right) \right]$$

$$Y = \;\; e^{ax} \left[ \left( C_1 \; + \; C_2 \right) \cos bx \; + \; \left( C_1 \; - \; C_2 \right) i \sin bx \right.$$

Wir fassen jetzt ($C_1$ + $C_2$) = A und ($C_1$ – $C_2$) = B zu neuen Konstanten zusammen und erhalten mit:

$Y = e^{\mathrm{ax}} \;\; [A \cos bx \; + i \; B \sin bx]$ eine allgemeingültige Lösung.

Jetzt haben wir für die komplexe Lösungsfunktion noch eine reellwertige Lösungsfunktion anzugeben, es gilt:

$$a_2 \left( Y_1 + i \, Y_2 \right)'' + \;\; a_1 \left( Y_1 \; + \;\; i \, Y_2 \right)' \; + \; a_0 \left( Y_1 \;\; + \;\; iY_2 \right) = 0$$

geordnet nach reellen und imaginären Größen:

$$a_2 Y''_1 + a_1 Y'_1 + a_0 Y_1 + i\,(a_2 Y''_2 + a_1 Y'_2 + a_0 Y_2) = 0,$$

weiter gilt, dass eine komplexe Zahl genau dann Null ist, wenn der Realteil und der imaginäre Teil gleichzeitig Null sind (in den Gleichungen steht $Y''\ bzw. Y'$ hier für ein- bzw. zweimal abgeleitet).

Es gilt somit:

$a_2 Y''_1 + a_1 Y'_1 + a_0 Y_1 = 0$ für den reellwertigen Teil und für
$i\,(a_2 Y''_2 + a_1 Y'_2 + a_0 Y_2)$ gilt, dass dieser Teil = 0 ist, wenn der Teil in der Klammer 0 ist.

Daraus folgt, dass sowohl:

$Y_1$ als auch $Y_2$ Lösungen der Dgl. sind.

In unserem Fall bedeutet das, dass zu der komplexen Lösung:

$$Y = e^{ax}\ (A \cos bx + i\, B \sin bx)$$

auch die allgemeine reellwertige Lösung

$$Y = e^{ax}\ (A \cos bx + B \sin bx)$$ gehört.

zu Fall 3) hier erhalten wir mit der oben erhaltenen Doppelwurzel:

$$r_1 = r_2 = -\frac{a_1}{2a_2}$$

nur eine Lösung, um eine allgemeine zu erhalten, wird noch eine zweite benötigt. Diese erhält man durch die Variation der Konstanten, wobei eine Lösung bekannt ist, und zwar die, die wir durch den Exponentialansatz erhalten haben:

$Y_1 = e^{r_1 x}$ und für die zweite Lösung $Y_2 = x\, e^{r_1 x}$

und mit den Konstanten $C_1$ und $C_2$ versehen, erhalten wir jetzt:

$$Y = C_1\ e^{r_{1x}} + C_2 x\, e^{r_{1x}}$$

**Kehren wir zum freien und ungedämpften linearen harmonischen Oszillator zurück:**

Wir haben bereits die Newton´sche Bewegungsgleichung aufgestellt, mit der Beschleunigung:

$$\ddot{x}\,(t) = \; -\omega_0^2 \; \mathrm{x(t)} \quad \text{mit } \omega_0^2 = D/m$$

und verfügen damit über die Differentialgleichung:

$$\ddot{x}\,(t) + \; \omega_0^2 \, x(t) = 0$$

Hierfür suchen wir jetzt nach einer speziellen Lösung sowie nach einer allgemeinen Lösung, dabei kommt wieder der Exponentialansatz mit:

$X(t) = \; e^{rt}$ zum Tragen und wir erhalten:

$$r^2 + \; \omega_0^2 \; = 0$$

ergibt für $r_1 = \; i\,\omega_0$
ergibt für $r_2 = \; -\,i\,\omega_0$

$$X(t) = \; C_1\, e^{i\omega_0 t} \; + \, C_2\, e^{-i\omega_0 t}$$

Entsprechend Euler:

$e^{\pm i\omega_0 t} \; = \cos\omega_0\, t \; \pm \; i\sin\omega_0\, t$ eingesetzt, gilt:

$$X(t) = \; C_1(\cos\omega_0\, t \; + i\sin\omega_0\, t) \; + \; C_2 \; (\cos\omega_0\, t \; - i\sin\omega_0\, t)$$

$$X(t) = \; C_1\cos\omega_0\, t \; + \; C_1\, i\sin\omega_0\, t \; + \; C_2\cos\omega_0\, t \; - \; C_2 i \; \sin\omega_0\, t$$

$$X(t) = \; (\,C_1 + \; C_2)\cos\omega_0\, t + \,(\,C_1 - \; C_2)\, i\sin\omega_0\, t$$

mit A = $C_1 + C_2$ und B = $C_1 - C_2$

**Unsere allgemeine komplexe Lösungsfunktion ist somit, wie wir bereits wissen:**

$$X = A\cos\omega_0\, t \; + Bi\sin\omega_0\, t$$

**Es gilt jetzt eine reellwertige Funktion zu finden,** hierzu gehen wir zurück zu:

$$a_2 \ddot{Y} + a_1 \dot{Y} + a_0 Y = f(x) \; mit \; f(x) = 0$$

Dabei ist die ermittelte Lösungsfunktion eine komplexe Funktion Y der reellen Veränderlichen x.

$Y = Y_1(x) + i\, Y_2(x)$ mit der imaginären Einheit i, dabei sollen $Y_1$ und $Y_2$ voneinander verschieden sein. Jetzt sind $Y_1$ der Realteil und $Y_2$ der Imaginärteil der speziellen Lösungen der Differentialgleichung. Die allgemeine reellwertige Lösung ist dann:

$Y = C_1 Y_1 + C_2 Y_2$ und in unserem Fall ist dies:

$$X(t) = C_1 \cos \omega_0 t + C_2 \sin \omega_0 t$$

Damit lassen sich jetzt die Randbedingungen festlegen:

Ort zur Zeit t = 0: $X(0) = 0$

Geschwindigkeit zur Zeit t = 0: $\dot{x}(0) = V_0$

Gesucht: $C_1$ und $C_2$ für die spezielle Lösung.

1. Bedingung: $X(0) = 0 = C_1 \cos 0 + C_2 \sin 0 = C_1$

2. ergibt für $\dot{X}(0) = V_0 = -C_1 \, \omega_0 \sin 0 + C_2 \, \omega_0 \cos 0 = C_2 \, \omega_0$

$$V_0 = C_2 \, \omega_0$$

Umgestellt nach $C_2$ ergibt das: $C_2 = \frac{V_0}{\omega_0}$

**Die spezielle Lösung ist damit:**

$$\mathrm{X(t)} = \frac{V_0}{\omega_0} \sin \omega_0 \, t$$

**Und die allgemeine Lösung ist, wie wir bereits wissen:**

$$X(t) = C_1 \cos \omega_0 t + C_2 \sin \omega_0 t$$

Diese allgemeine Lösung ist eine Superposition aus zwei trigonometrischen Funktionen gleicher Frequenz. Um diese Lösung zu verstehen, ist es wichtig sich nochmal mit den Additionstheoremen zu beschäftigen, dann finden wir, dass folgendes gilt:

$$\cos(\varphi_1 + \varphi_2) = \cos\varphi_1 \cos\varphi_2 - \sin\varphi_1 \sin\varphi_2$$

Setzen wir jetzt für $C_1 = C\cos\alpha$ und für $C_2 = -C\sin\alpha$ und setzen dies in die allgemeine Lösung ein, erhalten wir:

$X(t) = C\cos\alpha \cos\omega_0 t - C\sin\alpha \sin\omega_0 t$ was wir jetzt als: $X(t) = C\cos(\omega_0 t + \alpha)$ schreiben können.

---

*Zur Superposition: Um etwas mehr über die Amplitude erfahren, befassen wir uns kurz mit der Superposition und legen fest, dass die zwei betrachteten Funktionen über die gleiche Periode verfügen, wobei die Amplituden verschieden sein können. Die Summe der zwei Funktionen muss wieder zu einer Funktion gleicher Periode führen, allerdings ist sie phasenverschoben und die Amplitude hängt von den Amplituden der Ausgangsfunktionen ab.*

*Allgemein gilt:*

$$A\sin\varphi + B\cos\varphi = C\sin(\varphi + \varphi_0)$$

*mit der Amplitude:* $C = \sqrt{A^2 + B^2}$

*und der Phase:* $\tan\varphi_0 = \frac{B}{A}$

*Führen sie bitte für sich den Beweis für die obige Superposition schauen sie hierzu auf die Hilfsskizze Abb. 1.5 (unten). Hilfe für die Lösung finden Sie in (Mathematik Übungsheft 4: 1.14.3).*

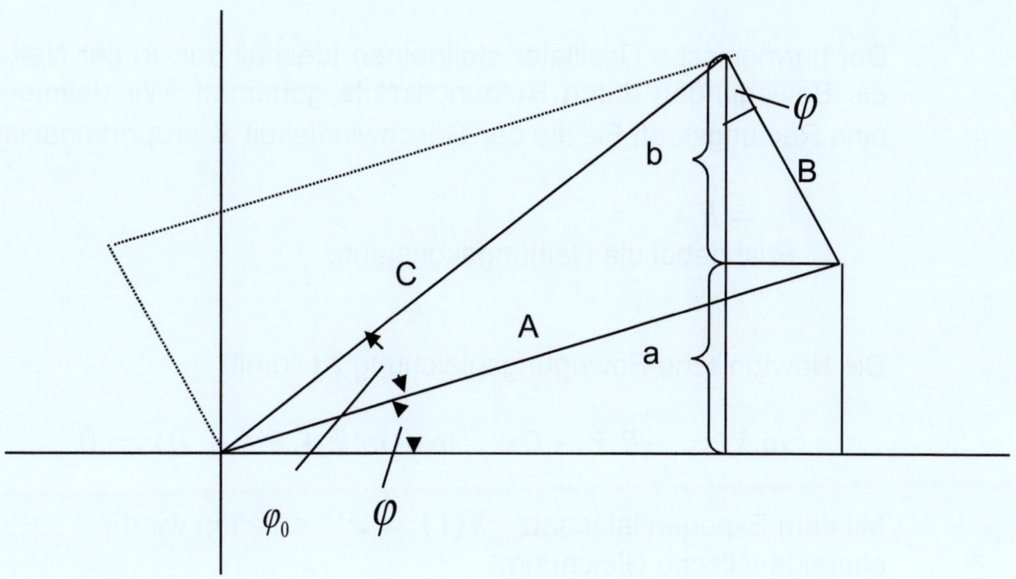


**Abb. 1.5** Superposition

---

Nachdem wir zuvor $C_1$ und $C_2$ festgelegt haben, wissen wir, dass

$$C = \sqrt{C_1^2 + C_2^2} \quad \text{ist.}$$

Damit können wir uns unsere allgemeine Lösung $X(t) = C\cos(\omega_0 t + \alpha)$ nochmal vornehmen, geben die Randbedingungen vor und bestimmen dann C und $\alpha$.

Wie zuvor wählen wir:
Ort zur Zeit t = 0: $X(0) = 0$
Geschwindigkeit zur Zeit t = 0: $\dot{x}(0) = V_0$
und erhalten mit $X(0) = 0 = C\cos(0 + \alpha)$
für $\alpha = \frac{\pi}{2}$

$$\dot{X}(0) = V_0 = C\,\omega_0 \sin\left(0 + \frac{\pi}{2}\right) = C\,\omega_0$$

Dann ist mit $C = \frac{V_0}{\omega_0}$ die Lösung:

$$X(t) = \frac{V_0}{\omega_0}\cos\left(\omega_0 t + \frac{\pi}{2}\right) = \frac{V_0}{\omega_0}\sin\omega_0 t$$

Die spezielle Lösung ist somit identisch mit der allgemeinen Lösung.

## II) Der gedämpfte harmonische lineare Oszillator

Der harmonische Oszillator stellt einen Idealfall dar. In der Natur werden die Bewegungen durch Reibungskräfte gehemmt. Wir definieren daher eine Reibungskraft $F_R$, die der Geschwindigkeit $\dot{x}$ proportional ist:

$$F_r = R\,\dot{x}$$

*R* ist dabei die Reibungskonstante

Die Newton'sche Bewegungsgleichung ist somit:

$$m\,\ddot{x} - -R\,\dot{x} - Dx \quad \text{mit} \quad m\,\ddot{x} + R\,\dot{x} + Dx = 0$$

Mit dem Exponentialansatz $X(t) = e^{rt}$ erhalten wir die charakteristische Gleichung:

$$m\,r^2 + Rr + D = 0$$

$$\text{mit} \qquad r_{1,2} = -\frac{R}{2m} \pm \sqrt{\frac{R^2}{4m^2} - \frac{D}{m}}$$

in Abhängigkeit vom Radikanden erhalten wir zwei Lösungen:

**1) $r_{1,2}$ sind reell** (Radikand ist positiv) **für:**

$$r_{1,2} = \frac{R^2}{4m^2} > \frac{D}{m}$$

dann ist die allgemeine Lösung:

$$X(t) = e^{-\frac{R}{2m}t}\left(C_1 e^{\sqrt{\frac{R^2}{4m^2} - \frac{D}{m}}\,t} + C_2 e^{-\sqrt{\frac{R^2}{4m^2} - \frac{D}{m}}\,t}\right)$$

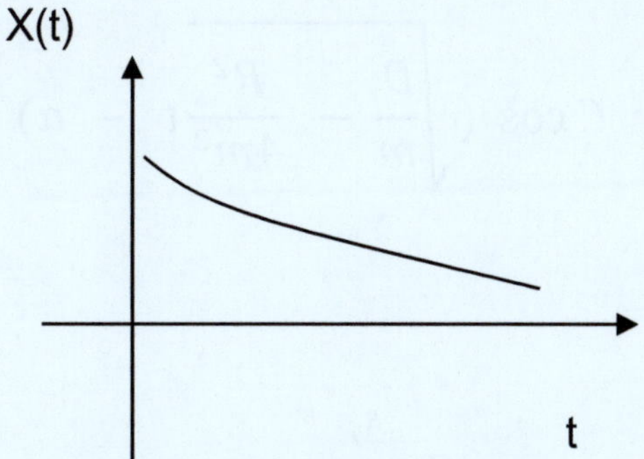


**Abb. 1.6** Insgesamt exponentiell abfallende Kurve

Wir erhalten damit eine **insgesamt exponentiell abfallende Kurve**. In der Klammer haben wir eine steigende und eine fallende Funktion. Die steigende Funktion wächst langsamer als der vor der Klammer stehende Term, damit gilt:

$$\frac{R}{2m} > \sqrt{\frac{R^2}{4m^2} - \frac{D}{m}}$$

**2)** $r_{1,2}$ **sind konjugiert komplex:**

$$\frac{R^2}{4m^2} < \frac{D}{m}$$

Für die allgemeine Lösung erhalten wir:

$$X\,(t) = e^{-\frac{R}{2m}t}\left( C_1 \cos \sqrt{\frac{D}{m} - \frac{R^2}{4m^2}}t + C_2 \sin \sqrt{\frac{D}{m} - \frac{R^2}{4m^2}\,t} \right)$$

Mit Hilfe der Additionstheoreme können wir die Gleichung wie schon zuvor umformen, wir nutzen:

$$C \cos\,(x-\alpha) = C\cos x \cos\alpha + C \sin x \sin\alpha = C_1 \cos x \;\; C_2 \sin x$$

mit $C_1 = C\cos\alpha$ und $C_2 = C\sin\alpha$ erhalten wir:

$$X(t) = e^{-\frac{R}{2m}t} \; C\cos\left(\sqrt{\frac{D}{m} - \frac{R^2}{4m^2}}\,t - \alpha\right)$$

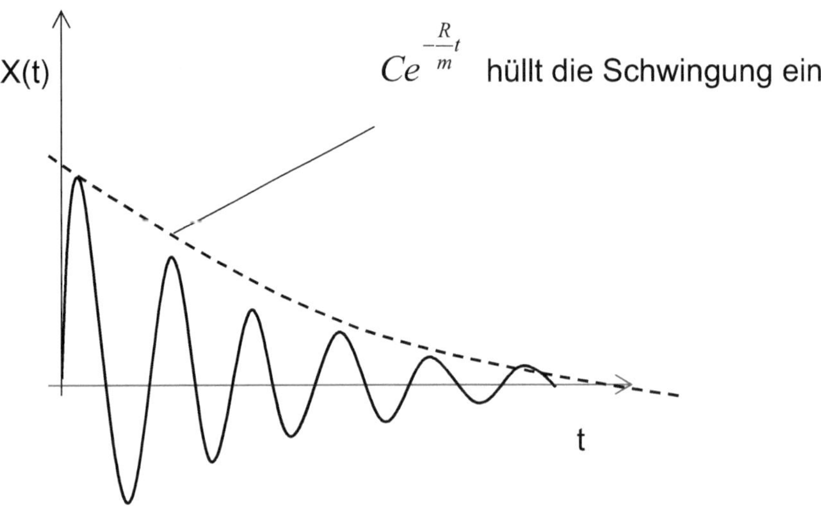


**Abb. 1.7** Schwingung mit exponentiell abfallender Amplitude

**3)** $r_1 = r_2 = -\frac{R}{2m}$

da der Wurzelausdruck mit $\frac{R^2}{4m^2} = \frac{D}{m}$ verschwindet und wir erhalten

$X(t) = (C_1 + C_2 x)\, e^{-\frac{R}{2m}t}$ als Lösung und der Verlauf wird als **aperiodischer Grenzfall** bezeichnet.

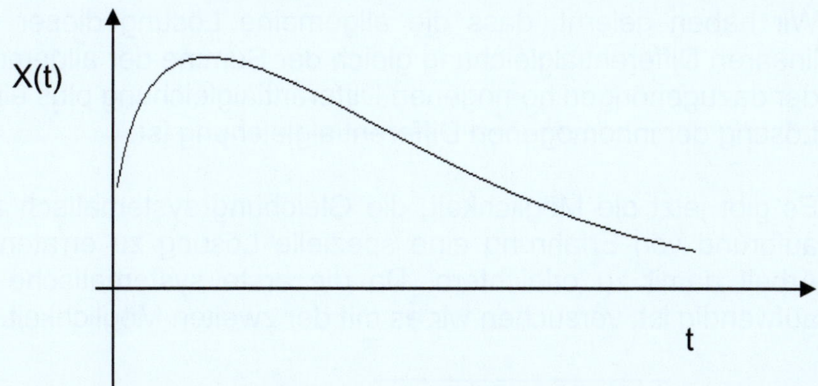


**Abb. 1.8** Aperiodischer Grenzfall, hierbei wird die kleinste Dämpfung beschrieben. Das ausgelenkte System strebt der Gleichgewichtslage zu, ohne dass es zu einem Überschwingen kommt (es wird also kein Richtungswechsel vorgenommen). Die Anfangsgeschwindigkeit beim Start im ausgelenkten Zustand ist dabei 0.

## III) Inhomogenes System

**Beispiel hierfür ist der gedämpfte harmonische Oszillator, auf den eine äußere Kraft wirkt. Man kann hier auch von einer erzwungenen Schwingung sprechen** *(siehe Mathematik Übungsheft 14: 5.5)*.

Diese Form eines Oszillators können wir in zahlreichen Bereichen der Physik wiederfinden: so z.B. wenn wir einen gedämpften harmonischen Oszillator betrachten und auf ihn eine äußere Kraft wirken lassen.

Dies könnte ein Teilchen sein, das einer elastischen Kraft unterliegt und auf das eine äußere Schwingungsbewegung ausgeübt wird. So ist dies der Fall, wenn man eine Stimmgabel in einen Resonanzkasten legt und dadurch die Wände und die Luft im Kasten zum Schwingen gezwungen werden. Gleiches können auch elektromagnetische Wellen leisten, die von einer Antenne absorbiert werden, auf den Stromkreis eines Radios oder Fernsehers einwirken und so erzwungene elektrische Schwingungen hervorrufen.

Bleiben wir bei unserem Beispiel (Abb. 1.9 unten) und lassen auf das System eine zusätzliche äußere Kraft einwirken:

$F_A = F_0 \cos(\omega_A t)$ ,der Index A bezeichnet die äußere Kraft
Unsere Newton'sche Bewegungsgleichung lautet somit:

$$m\ddot{x} + R\dot{x} + Dx = F_0 \cos(\omega_A t)$$

Wir haben gelernt, dass die allgemeine Lösung dieser inhomogenen linearen Differentialgleichung gleich der Summe der allgemeinen Lösung, der dazugehörigen homogenen Differentialgleichung plus einer speziellen Lösung der inhomogenen Differentialgleichung ist.

Es gibt jetzt die Möglichkeit, die Gleichung systematisch zu lösen oder aufgrund von Erfahrung eine spezielle Lösung zu erraten und uns die Arbeit damit zu erleichtern. Da die erste systematische Lösung sehr aufwendig ist, versuchen wir es mit der zweiten Möglichkeit.

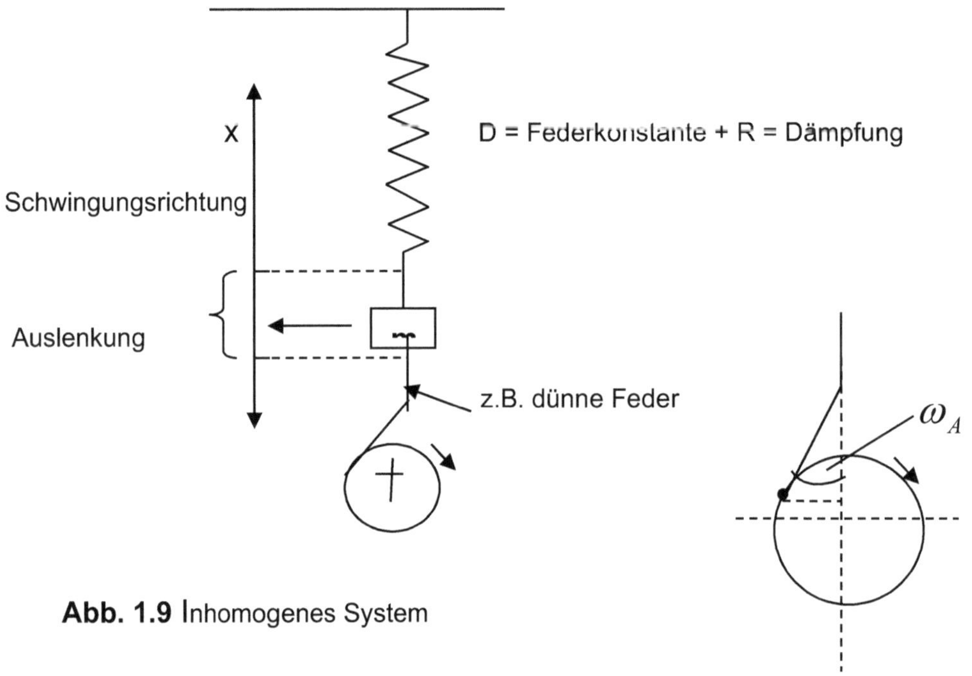


**Abb. 1.9** Inhomogenes System

**Die Form $F_A = F_0 \cos(\omega_A t)$ der zusätzlichen äußeren Kraft** ergibt sich in der Abb. 1.9 durch einen Exzenter unten rechts und stellt das inhomogene (Glied) des Systems dar. Das inhomogene Glied gibt zur Vermutung Anlass, dass die spezielle Lösung $X_s$ von der Form:

$$X_s\,(t) = X_0 \cos(\omega_A - \alpha) \text{ ist.}$$

Doch erst müssen wir klären, was $X_0$ und die Phase oben bedeutet.

Jetzt ist es wichtig zu wissen, dass das Teilchen bzw. die Masse nicht mit der ungedämpften Kreisfrequenz schwingen wird und auch nicht mit der gedämpften Kreisfrequenz. Im Gegenteil das Teilchen wird gezwungen mit der Kreisfrequenz $\omega_A$ der ausgeübten Kraft zu schwingen. Abschließend betrachten wir die Phase $\omega_A - \alpha$ wobei $\alpha$ die ursprüngliche Phase darstellt und $X_0$ ist die Amplitude. Sowohl die Amplitude als auch $\alpha$ sind jetzt festgelegte Größen, die von der Frequenz $\omega_A$ der ausgeübten Kraft abhängen.

Mit Hilfe der Additionstheoreme erhalten wir für:

$$X_s(t) = X_0 \cos(\omega_A t) \cos\alpha + X_0 \sin(\omega_A t) \sin\alpha$$

jetzt differenzieren wir zweimal nach t und erhalten:

$$\dot{X}_s(t) = -X_0 \omega_A \sin(\omega_A t) \cos\alpha + X_0\ \omega_A \cos(\omega_A t) \sin\alpha$$

$$\ddot{X}_s(t) = -X_0\ \omega_A^2\ \cos(\omega_A t) \cos\ \alpha - X_0\ \omega_A^2 \sin\ (\omega_A t) \sin\ \alpha$$

$\ddot{X}_s(t)$ und $\dot{X}_s(t)$ wird in die Differentialgleichung $m\ddot{x} + R\dot{x} + Dx - F_0 \cos(\omega_A t) = 0$ eingesetzt:

$$-m(X_0\ \omega_A^2\ \cos(\omega_A t) \cos\ \alpha - X_0\ \omega_A^2 \sin\ (\omega_A t) \sin\ \alpha)$$

$$+R(-X_0 \omega_A \sin(\omega_A t) \cos\alpha + X_0\ \omega_A \cos(\omega_A t) \sin\alpha) - F_0 \cos(\omega_A t) = 0$$

und die Terme nach den Faktoren von $\cos(\omega_A t)$ und $\sin(\omega_A t)$ umgeordnet:

$$\cos\omega_A t\ (-m\, X_0\, \omega_A^2 \cos\alpha + R\ X_0\ \omega_A \sin\alpha + D\, X_0 \cos\alpha - F_0)$$

$$+\sin\omega_A t\ (-m\, X_0\ \omega_A^2\ \sin\alpha + R\, X_0\, \omega_A \cos\alpha + D\, X_0 \sin\alpha) = 0$$

Wenn die Gleichung zu jedem Zeitpunkt gleich Null sein soll, dann müssen beide Klammern verschwinden. Hierzu fassen wir die Klammerinhalte neu zusammen und erhalten die zwei Gleichungen für $X_0$ und $\alpha$:

Erste Gleichung: $R\, \omega_A\, X_0 \sin\alpha + (D - m\omega_A^2)X_0\ \cos\alpha - F_0 = 0$

bzw.: $R\, \omega_A\, X_0 \sin\alpha + (D - m\omega_A^2)X_0\ \cos\alpha = F_0$

Zweite Gleichung: $(D - m\omega_A^2)X_0\ \sin\alpha - R\, \omega_A\, X_0\ \cos\alpha = 0$

Jetzt folgt die Auflösung der zweiten Gleichung nach $X_0 \cos \alpha$:

$$X_0 \cos \alpha \ = \ \frac{(D - m\omega_A^2\,)X_0 \ \sin \alpha}{R\ \omega_A}$$

Das Ergebnis setzen in die erste Gleichung ein:

$$R\ \omega_A\, X_0 \sin \alpha + (D - m\omega_A^2\,)\ \frac{(D - m\omega_A^2\,)X_0 \ \sin \alpha}{R\ \omega_A} - F_0 = 0$$

und lösen sie nach $X_0 \ \sin \alpha$ auf und erhalten:

$$X_0 \ \sin \alpha \ = \ \frac{R\omega_A\, F_0}{(R\ \omega_A)^2 \ + \ \ (D - m\ \omega_A^2)^2}$$

Entsprechend erhalten wir:

$$X_0 \cos \alpha \ = \ \frac{F_0\ (D - \ \ m\omega_A^2\ \ )}{(R\ \omega_A)^2 \ + \ (D - \ \ m\omega_A^2\ \ )^2}$$

Es folgt die Division der beiden Gleichungen:

$$\frac{X_0 \ \sin \alpha}{X_0 \cos \alpha} \ = \tan \alpha \ \ = \ \ \frac{\omega_A\, R}{D - \ \ m\omega_A^2}$$

Unsere Phase ist somit $\tan \alpha \ = \ \frac{\omega_A\, R}{D - \ m\omega_A^2}$

Für die Amplitude gilt (siehe Superposition):

An dieser Stelle erinnern wir uns wieder an die Superposition, wo wir für die Amplitude $C = \sqrt{A^2 \ + \ \ B^2}$ ist.

In unserem Fall entspricht C dem $X_0$:

$$X_0^2 \ sin^2 \alpha + X_0^2 \ cos^2\alpha = X_0^2$$

Wir quadrieren und addieren somit die Gleichungen und es folgt für $x_0^2$:

$$\frac{F_0^2 \left[\omega_A^2 R^2 + \left(D + m\omega_A^2\right)^2\right]}{\left[\left(D - m\omega_A^2\right)^2 + \ \omega_A^2 R^2\right]^2} = \frac{F_0^2}{\left(D - m\omega_A^2\right)^2 + \ \omega_A^2 R^2}$$

Somit folgt für die Amplitude:

$$X_0 = \frac{F_0}{\sqrt{(D - m\omega_A^2)^2 + \ \omega_A^2 R^2}}$$

Unsere allgemeine Lösung ist dann mit:

$X\ (t) = \ X_h\ (t)\ + X_s\ (t)$ gleich:

$$X\ (t) = X_h + \frac{F_0}{\sqrt{(D - m\omega_A^2)^2 + \ \omega_A^2 R^2}} \cos(\omega_A t - \alpha\ )$$

$x_h(t)$ ist die allgemeine Lösung der homogenen Differentialgleichung

$x_h(t)$ ist für D>0 eine exponentiell abklingende Funktion und nach entsprechend genügend langer Zeit praktisch gleich Null.

Die Masse m schwingt dann nur noch entsprechend der folgenden Funktion:

$$X\ (t) = \frac{F_0}{\sqrt{\left(D - m\omega_A^2\right)^2 + \ \omega_A^2 R^2}} \cos(\omega_A t - \alpha\ ),$$

mit der Frequenz $\omega_A$ und wir sprechen hier von einer Schwingung, die als stationäre Lösung bezeichnet wird.

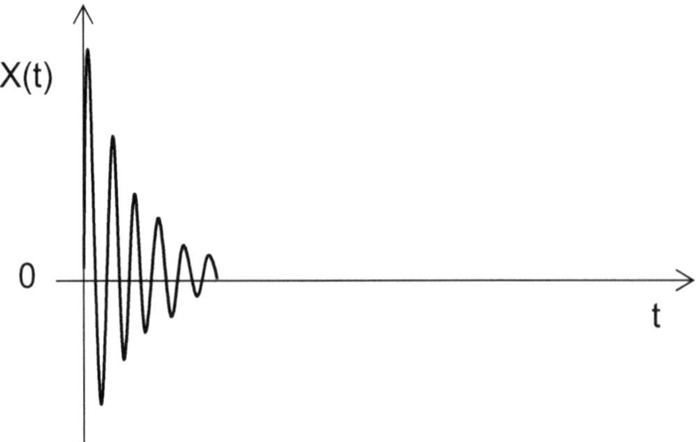


**Abb. 1.10** Allg. allgemeine Lösung der homogenen Differentialgleichung Xh (t)

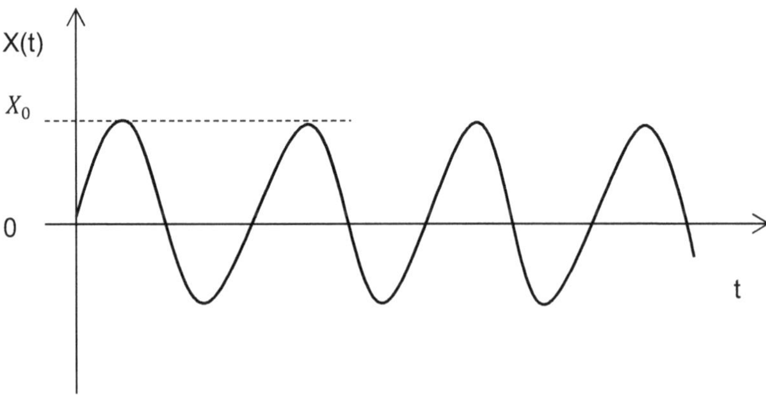


**Abb. 1.11** Xs(t) stellt eine spezielle Lösung der Differentialgleichung dar

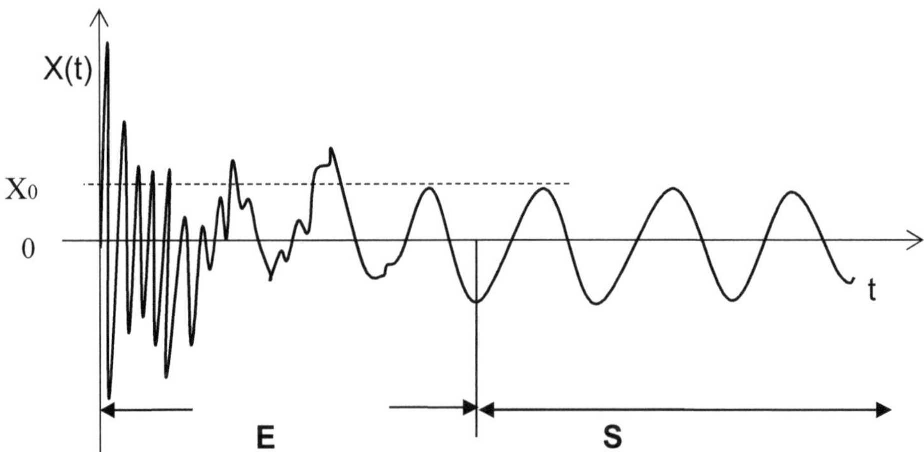


**Abb. 1.10** Xh(t) + Xs(t) stellt als Summe die allgemeine Lösung der inhomogenen Differentialgleichung dar. Hier kann man gut den Einschwingbereich (E) erkennen, der dann in einen stationären Zustand (S) übergeht.

Betrachten wir abschließend nochmal die Amplitude $X_0$ in Abhängigkeit von der Kreisfrequenz $\omega_A$ der auf die Masse m wirkende äußere Kraft, dann können wir durch Veränderung von $\omega_A$ den Maximalwert von $X_0$ einstellen:

Der Wert für $\omega_A$ bei dem $X_0$ maximal ist, ist die Resonanz-frequenz.

Hierbei haben wir es mit einer Extremwertaufgabe zu tun. Die Bedingung ist:

$$\frac{dx_0}{d\omega_0} = 0$$

und wir erhalten:

$$\omega_{AR} = \sqrt{\omega_0^2 - \frac{R^2}{2m^2}}$$

Haben wir R=0, dann ist das System ungedämpft und die Resonanzfrequenz ist gleich der Schwingungsfrequenz des ungedämpften Oszillators. $X_0$ ist jetzt unendlich groß, da der Nenner von $X_0$ verschwindet. In diesem Fall liegt eine Resonanzkatastrophe vor.

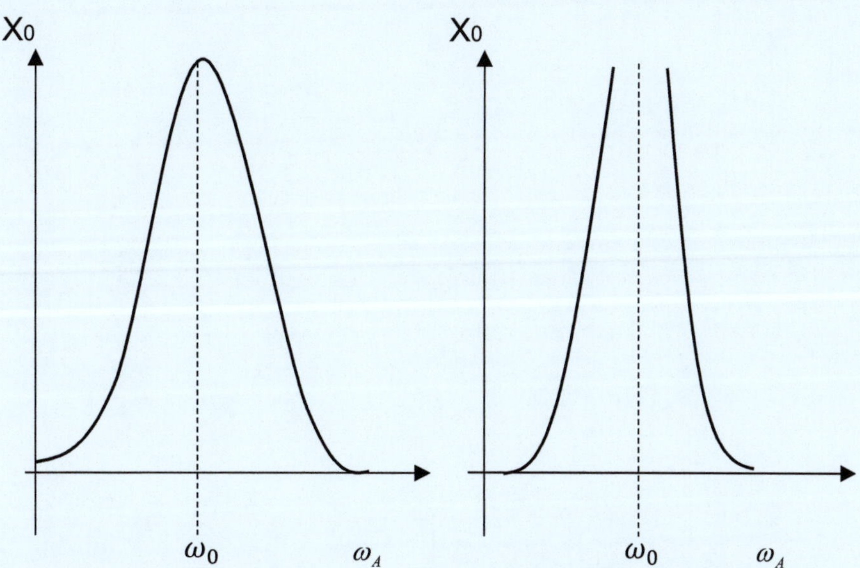


**Abb. 1.12** a) Amplitude der gedämpften erzwungenen Schwingung für $R \neq 0$,

**Abb. 1.12** b) Amplitude der ungedämpften erzwungenen Schwingung für $R = 0$.

**Wichtig**

Das hier erlangte Wissen, hat in vielen weiteren Bereichen der Physik eine tragende Rolle, was wir auch im Bereich der Atom- und Kernphysik sehen werden.

**Lerninhalte:**

**Sie können jetzt:**

1. Beispiele für den Begriff Schwingungen geben und deren Bedeutung erklären
2. Winkelgeschwindigkeit mit Hilfe des Bogenmaßes erklären
3. sagen, was man unter harmonische Schwingungen zu verstehen hat
4. die gedämpften harmonische Schwingungen erklären, adiabatischen Vorgang beschreiben
5. sagen, wann man von einer erzwungenen Schwingung spricht.

## 6. Mathematische Ergänzungen

**Exkurs 1.1** (Bogenmaß) Winkelgeschwindigkeit

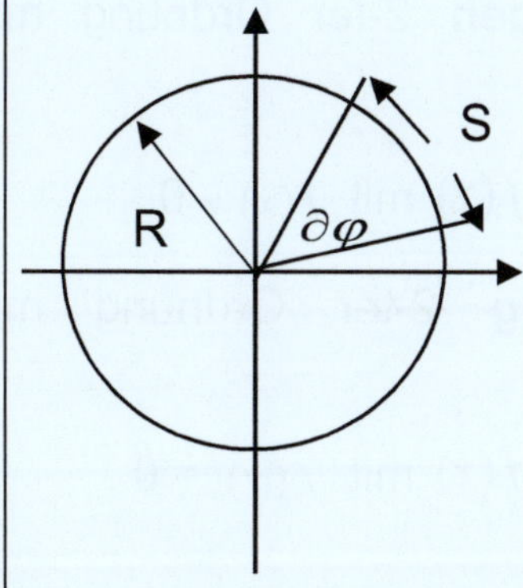


Länge des Kreisabschnittes:

S= $\partial\varphi$ R

Winkelgeschwindigkeit:

$$\frac{\partial\varphi}{\partial t} = \omega$$

Geschwindigkeit:

$$\frac{\partial S}{\partial t} = \omega R$$

Wie muss man sich das vorstellen?

Wir wissen das Kreisumfang 2 r π ist, dies ist also U (Kreisumfang), für den halben Kreisumfang haben wir r π = U/2, nehmen wir einen beliebig
kleinen Winkel, *dann haben wir, wie oben dargestellt:*

S= $\partial\varphi$ R, hier können wir auch $\partial U = S$ schreiben

Leiten wir die Geschwindigkeit ωR nochmal nach der Zeit ab, erhalten wir die Beschleunigung: $\omega^2$R

Dieses Wissen übertragen wir dann, auf die von uns betrachtete Federschwingung.

*Mathematik Übungsheft 4: Bogenmaß*

***Exkurs 1.2 Teil I*** *Differentialgleichungen (Dgl.)*

Eine Differentialrechnung dient der Berechnung einer Funktion, mit der wir z.B. den Ort X als Funktion der Zeit ermitteln. Um die Lösung für unseren Fall herbeizuführen, wiederholen wir noch mal die Differentialgleichungen, dabei haben wir es mit für uns zwei Arten zu tun:

**I) Inhomogene lineare Differentialgleichungen** 2-ter Ordnung mit konstanten Koeffizienten:

$$a_2\ddot{Y} + a_1\dot{Y} + a_0Y = f(x) \text{ mit } f(x) \neq 0$$

**II) Homogene lineare Differentialgleichung** 2-ter Ordnung mit konstanten Koeffizienten:

$$a_2\ddot{Y} + a_1\dot{Y} + a_0Y = f(x) \text{ mit } f(x) = 0$$

**Lösungsansatz:**

**Zu I)** $$a_2\ddot{Y} + a_1\dot{Y} + a_0Y = f(x) \text{ mit } f(x) \neq 0$$

Um die obige Dgl. zu lösen, sind mehrere Schritte erforderlich. Hierzu suchen wir als erstes $Y_h$ (der Index h steht für homogen) die allgemeine Lösung der homogenen Differentialgleichung. Diese erhalten wir, indem wir $f(x) = 0$ setzen.

$$a_2\ddot{Y} + a_1\dot{Y} + a_0Y = 0$$

Jetzt suchen wir nach $Y_{inh}$ (inh steht für inhomogen) einer beliebigen speziellen Lösung der inhomogenen Differentialgleichung.

Mit dem Ansatz $Y = Y_h + Y_{inh}$ können wir dann die allgemeine Lösung der Differentialgleichung ermitteln:

$$a_2\ddot{Y} + a_1\dot{Y} + a_0Y = f(x) \text{ mit } f(x) \neq 0 \text{ inhomogen}$$

Wir schreiben $a_2\ddot{Y}_h + a_1\dot{Y}_h + a_0Y_h = 0$ für den homogenen Teil und

$$a_2\ddot{Y}_{inh} + a_1\dot{Y}_{inh} + a_0Y_{inh} = f(x) \text{ für den inhomogenen Teil.}$$

Mit $Y = Y_h + Y_{inh}$ können wir jetzt schreiben:

$$a_2(\ddot{Y}_h + \ddot{Y}_{inh}) + a_1(\dot{Y}_h + \dot{Y}_{inh}) + a_0(Y_h + Y_{inh}) = f(x) \text{ mit } f(x) \neq 0$$

Umformuliert ergibt dies:

$$\left(a_2\,\ddot{Y}_h + a_1\dot{Y}_h \; + a_0\,Y_h\right) + \left(a_2\,\ddot{Y}_{inh} + \; a_1\,\dot{Y}_{inh} \; + a_0\,Y_{inh}\right) = f(x)$$

In der ersten Klammer oben ist $Y_h$ die allgemeine Lösung der homogenen Differentialgleichung und hat den Wert 0, für f(x) = 0 ist.

Für die zweite Klammer ist Yinh eine beliebige spezielle Lösung der inhomogenen Differentialgleichung. Berücksichtigen wir, dass die allgemeine Lösung der Differentialgleichung 2-ter Ordnung zwei Integrationskonstanten hat, so hat auch Y = Yh + Yinh zwei Integrationskonstanten.
Y ist somit eine Lösung der Differentialgleichung und verfügt über zwei frei wählbare Konstanten $C_1$ und $C_2$, damit ist Y die allgemeine Lösung der Differentialgleichung.

Gibt man einer oder mehreren Integrationskonstanten spezielle Werte (Nebenbedingungen), erhält man eine spezielle oder auch partikuläre Lösung der Differentialgleichung.

*Mathematik Übungsheft 14: 5.5*

***Exkurs 1.2 Teil II***

Für die **homogene lineare Differentialgleichung 2-ter Ordnung** mit konstanten Koeffizienten erhalten wir aufgrund der charakteristischen Gleichung und der damit verbundenen quadratischen Ergänzung drei Lösungsansätze:

a) Der Radikand ist positiv und liefert mit $r_1$ und $r_2$ zwei reelle Lösungen
b) Der Radikand ist negativ und wir erhalten komplexe Lösungen $r_1$ und $r_2$, die zueinander konjugiert komplex sind
c) Der Radikand ist null

zu a) Sind $r_1$ und $r_2$ verschieden, dann erhalten wir die beiden verschiedenen Lösungen Y1 unY2 und durch die Bildung von $Y = C_1Y_1 + C_2Y_2$ erhalten wir die allgemeine Lösung. $C_1$ und $C_2$ sind beliebige reelle Zahlen

zu b) Die Lösungsfunktion ist eine komplexe Funktion Y zu der reellen Veränderlichen x:

$Y = Y_1(x) + i\,Y_2(x)$, dabei seien die Funktionen $Y_1$ und $Y_2$ verschieden und $Y_1$ der Realteil und $Y_2$ der Imaginärteil spezielle Lösungen.

Die allgemeine reellwertige Lösung ist dann:

$Y = C_1Y_1 + C_2Y_2$. $C_1$ und $C_2$ sind beliebige Konstanten

Zu c) Wir erhalten eine Doppelwurzel. Mit dem Exponentialansatz erhalten wir nur eine Lösung.
Für die allgemeine Lösung haben wir mit Hilfe der Variation der Konstanten nach einer zweiten zu suchen zum Beispiel:

$$Y_2 = C_2 x\, e^{r_1 x}$$

Damit ist $Y = C_1\, e^{r_1 x} + C_2 x\, e^{r_1 x}$, $C_1$ und $C_2$ sind beliebige Konstanten

# II Wellen 37

# 1. Grundlegende Begriffe im Bereich der Wellen

Wellenausbreitung, Interferenz, Beugung, Streuung, Reflexion, Brechung, Polarisation

Da die Wellentheorien bis in die Quantenphysik gehen, ist es zu empfehlen, sich intensiv damit zu befassen.

| **Grundlagen:** Schwingungen Übungsheft 1 |
|---|

Basis für das Verständnis der Wellenlehre sind die Begriffe

**Als Welle versteht man die räumliche Ausbreitung einer physikalischen Größe.** Hierunter fallen Wasserwellen, Schallwellen, oder elektromagnetische Wellen.

| | |
|---|---|
| **Wasserwellen:** | die physikalische Größe ist Höhe eines beliebigen Punktes der Wasseroberfläche |
| **Schallwellen:** | sie durchlaufen Druckschwankungen der Atmosphäre |
| **Elektromagnetische Welle:** | die Ausbreitung erfolgt durch den elektrischen Feldvektor und den Vektor des Magnetfeldes. |

Um die Natur der Welle zu verstehen, befassen wir uns zunächst mit der Seilwelle, dass sie am leichtesten zu beschreiben ist. Hierbei setzten wir voraus, dass das Seil eingespannt und unendlich lang ist. Die Länge deshalb, weil wir Reflexionen vermeiden wollen. Das freie Ende bewegen wir harmonisch auf und ab, so dass sich eine Störung ausbreiten kann. Das Seil sei rechts eingespannt, so dass sich die Störung von links nach rechts ausbreitet. Für die genaue Beschreibung wählen wir ein Koordinatensystem, bei dem die Ruhelage mit der X-Achse zusammenfällt.

## 2. Wellenfunktion

In der Folge werden wir zwei verschiedene Vorgehensweisen betrachten, um so das Verständnis zu erleichtern.

**Ansatz 1**

f(x,t) sei die Wellenfunktion, sie gibt Auskunft über die Auslenkung eines beliebigen Punktes x des Seiles zu einem beliebigen Zeitpunkt t.

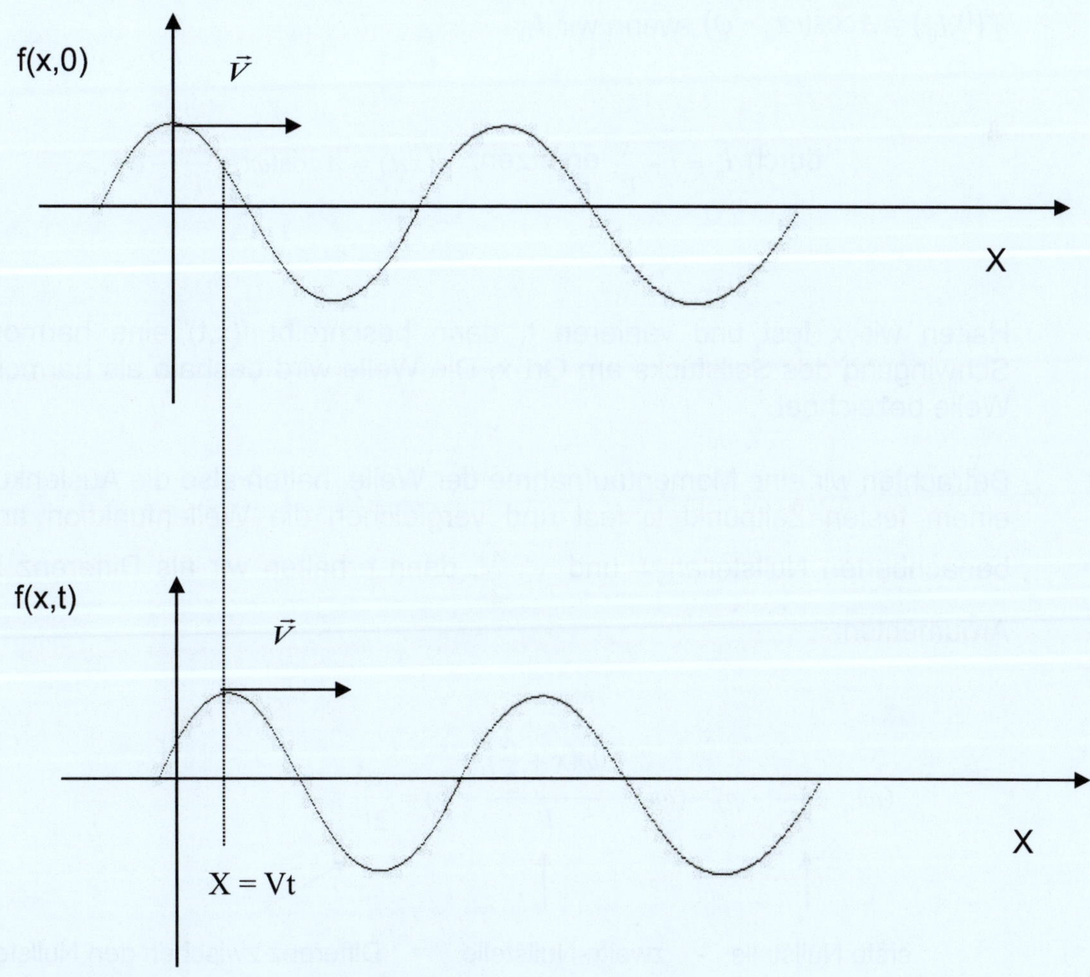


**Abb. 2.1** Auslenkung eines beliebigen Punktes einer Seilwelle

Der Anfangspunkt x=0 wird durch die Funktion $f(0,t) = A\cos(\omega t - \varphi)$ beschrieben, dann liegt ein Maximum vor, bei:

x=0 zum Zeitpunkt $t_0 = \frac{\varphi}{\omega}$

Die Welle laufe mit der Geschwindigkeit V nach rechts, dann erreicht das Maximum, das sich zum Zeitpunkt $t_0$ am Ort x=0 befand, den Ort x zur späteren Zeit $t = t_0 + \frac{x}{V}$ und es gilt die Bedingung:

$$f(0,t_0) = f(x,t)$$

Die genaue Beschreibung der rechten Seite erhalten wir für $f(0,t_0) = A\cos(\omega t_0 - \varphi)$, wenn wir $t_0$

durch $t_0 = t - \frac{x}{V}$ ersetzen: $f(x,t) = A\cos(\omega t - \frac{\omega x}{V} - \varphi)$

Halten wir x fest und variieren t, dann beschreibt f(x,t) eine harmonische Schwingung des Seilstücks am Ort x. Die Welle wird deshalb als harmonische Welle bezeichnet.

Betrachten wir eine Momentaufnahme der Welle, halten also die Auslenkung an einem festen Zeitpunkt $t_0$ fest und vergleichen die Wellenfunktion an zwei benachbarten Nullstellen $x$ und $x + \frac{\lambda}{2}$, dann erhalten wir als Differenz in den Argumenten:

$$(\omega t_0 - \frac{\omega x}{V} - \varphi) - (\omega t_0 - \frac{\omega(x + \frac{\lambda}{2})}{V} - \varphi) = \frac{\omega \lambda}{2V}$$

erste Nullstelle - zweite Nullstelle = Differenz zwischen den Nullstellen

**Abb. 2.2** zeigt die drei Nullstellen für die Wellenlänge $\lambda$

Für die Cosinusfunktion ist die Differenz gleich $\pi$ , damit gilt:

$$\frac{\omega\lambda}{2V} = \pi \qquad \text{beziehungsweise} \qquad \frac{\omega\lambda}{V} = 2\pi$$

Wir schreiben jetzt die Kreisfrequenz $\omega$ mit Hilfe der Frequenz $\nu$ um und erhalten für $\omega = 2\pi\nu$. Die allgemeine Beziehung zwischen der Geschwindigkeit v, der Frequenz $\nu$ und der Wellenlänge $\lambda$ ist:

$V = \lambda\nu$ nehmen wir jetzt $\frac{\omega}{V} = \frac{2\pi}{\lambda}$ und formen damit die Wellenfunktion um, dann erhalten wir:

$$f(x,t) = A\cos(\omega t - \frac{2\pi x}{\lambda} - \varphi)$$

und ziehen wir weiter $\frac{2\pi}{\lambda}$ vor die Klammer, dann ergibt sich mit $\varphi_1 = \frac{\lambda}{2\pi}\varphi$

$$f(x,t) = A\cos\frac{2\pi}{\lambda}(Vt - x - \varphi_1)$$

Das Argument der Cosinusfunktion muss während der Bewegung eines Wellenberges konstant bleiben und damit stets $2\pi$ n sein, mit n = als ganze Zahl.

$$\frac{2\pi}{\lambda}(Vt - x - \varphi_1) = 2\pi n$$

oder anders formuliert:

$$x = Vt - \varphi_1 - \lambda n$$

Hieran erkennen wir, dass sich der Ort des Wellenberges mit zunehmender Zeit nach rechts, in Richtung größerer Werte von x hin verschiebt.

Betrachten wir nochmal die Cosinusfunktion, dann wird das Argument auch Phase genannt, dann lässt sich eine nach rechts laufende Welle auf folgende Weise beschreiben:

Die ausgezeichneten Stellen der Welle, wie Maxima, Minima und Nullstellen laufen mit der Geschwindigkeit v nach rechts. Die Wellengeschwindigkeit v bei harmonischen Wellen bezeichnet man auch als Phasengeschwindigkeit.

Für die nach links laufende Welle gilt:

$$f(x,t) = A\cos\frac{2\pi}{\lambda}(Vt + x - \varphi_1)$$

## 3. Wellengleichung

Haben wir bislang die Beschreibung von Wellen erhalten, indem wir die Wellenfunktion, den vorausgesetzten Eigenschaften der Wellen angepasst haben, so gewinnen wir, wenn wir die **physikalischen Bedingungen zur Entwicklung von Wellen** untersuchen, einen entgegengesetzten Zugang zum Vorherigen.

Wieder betrachten wir **transversale Seilwellen**. Hierzu soll das Seil zunächst durch eine Kraft $F_0$ gespannt sein. Die Auslenkung eines Seilelements ds aus der Gleichgewichtslage am Ort x zum Zeitpunkt t wird durch die Funktion f(x,t) beschrieben.

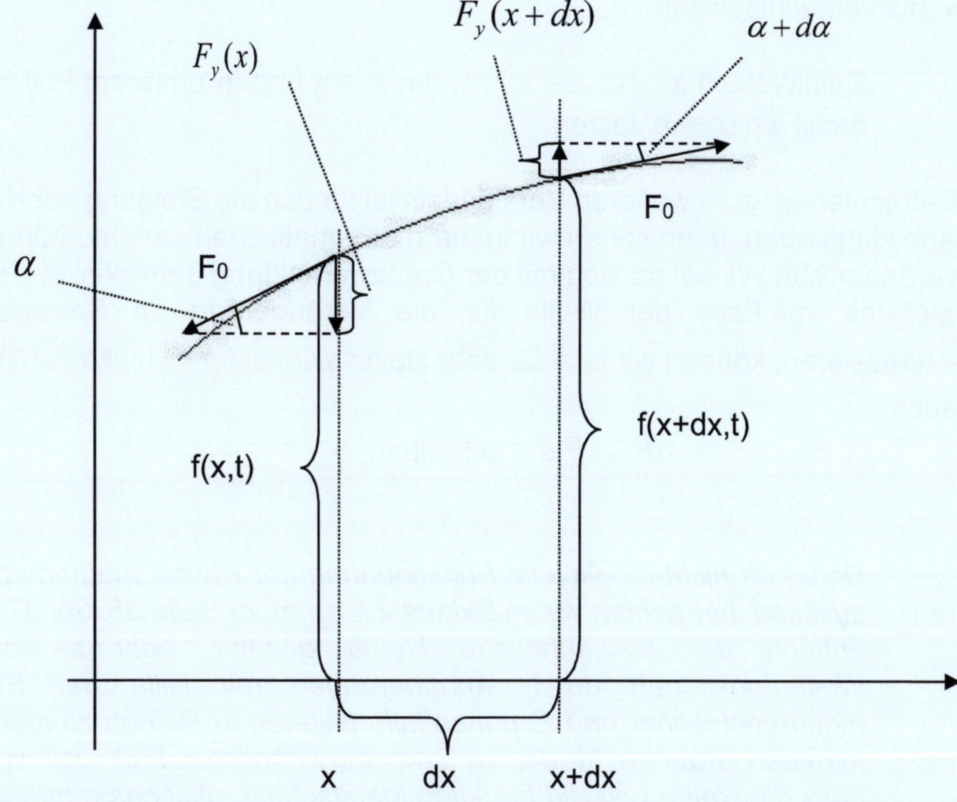


**Abb. 2.3** um Reflektionen bei der Seilwelle vom eingespannten Ende auszuschließen, betrachtet man dieses als unendlich weit entfernt.

Aus der Abb. 2.3 ergibt sich dann für die rücktreibende Kraft *(Mathematik Übungsheft 5: 2.1)*.

$$dF_y = F_y(x+dx) - F_y(x)$$

$$= F_0(\sin(\alpha + d\alpha) - \sin\alpha)$$

Wir legen hier kleine Winkel zugrunde, was uns die Herleitung der Wellengleichung erleichtert. Hier kommt uns die Kleinwinkelnäherung entgegen, wodurch sich unser Problem analytisch exakt lösen lässt. Basis ist die Maclaurinsche Reihe, so erhält man für den Sinus:

$$\sin x = x - \frac{x^3}{3!} + \frac{x^5}{5!} \mp \cdots$$

Ist jetzt der Betrag lxl << 1 so kann man die Summanden mit höheren Potenzen von x vernachlässigen.

Damit ist sin x $\approx$x, cos x $\approx$1, tan x $\approx$x und in unserem Fall können wir damit sin α $\approx$ α setzen.

Betrachten wir zum weiteren Verständnis jetzt noch die Steigung der Kurve in der Abbildung oben, dann sehen wir in der mathematischen Durchführung, dass der veränderliche Winkel dα sich mit der Grenzwertbildung dem Winkel α nähert. Da wir uns im Falle der Welle für die Veränderung im Bewegungsablauf interessieren, können wir jetzt für sehr kleine Winkel für $F_0(\sin(\alpha + d\alpha) - \sin\alpha)$ auch:

$dF_y = F_0 d\alpha$ schreiben.

*Da es oft nicht möglich ist Funktionen in der Physik mathematisch direkt zu lösen, betrachten wir im Exkurs 2.1 a), b), c) Seite 35, 36, 37. Wie oben anhand der Maclaurinsche Reihe gezeigt, geht es darum die Wellenfunktionen durch Annäherungen mit Hilfe der Entwicklung trigonometrischer und Exponentialfunktionen in Reihen zu lösen. Erstellt man den Graphen, für den im Exkurs erwähnten 1. Fall, stellt so man fest, dass die Reihe und die Funktion identisch ist, gleiches erhalten wir auch für die bekannten trigonometrischen und Exponentialfunktionen. Aus diesem Grund betrachten wir im Exkurs 2.2 Seite 38,39 zudem speziell die Entwicklung trigonometrischer und Exponentialfunktionen in Reihen. Weitere Informationen erhalten Sie in der Reihe Mathematik Übungshelft 4 (siehe Literatur).*

*Für die Physik wird es wichtig sein, den Gültigkeitsbereich (Konvergenzbereich), das Näherungspolynom, die Fehlerabschätzung bis hin zur Entwicklung der Funktion f(x) an einer beliebigen Stelle zu untersuchen.*

Kehren wir zurück zur Wellengleichung, dann erhalten wir für $\alpha$ folgenden Näherungsausdruck:

$$\tan\alpha = \frac{\partial f}{\partial x}$$

und ersetzen für kleine $\alpha$ den Tangens durch den Winkel und können dann:

$$\alpha \approx \frac{\partial f}{\partial x}$$ schreiben.

Unter Benutzung des Differentials $\frac{d\alpha}{dx} = \lim_{\Delta x \to 0} \frac{\Delta \alpha}{\Delta x}$ erhalten wir:

$$d\alpha = \frac{\partial^2 f}{\partial x^2} dx$$

Schauen wir uns jetzt wieder $dF_y$ an, dann entspricht dies der Masse des Seilelements multipliziert mit der Beschleunigung. Hierbei entspricht $\rho$ der Dichte pro Längeneinheit x:

$dF_y = \rho dx \cdot \frac{\partial f^2}{\partial t^2}$ und damit haben wir folgende Bewegungsgleichung:

$$\rho dx \cdot \frac{\partial f^2}{\partial t^2} = dF_y = F_0 \frac{\partial^2 f}{\partial x^2} dx$$

Diese Gleichung können wir umformulieren zu:

$$\frac{\partial f^2}{\partial t^2} = \frac{F_0}{\rho} \frac{\partial^2 f}{\partial x^2}$$

Links haben wir die zweite Ableitung nach der Zeit und rechts die zweite nach dem Ort. Da zudem partielle Ableitungen auftreten, sprechen wir hier von partiellen Differentialgleichungen und in unserem Fall liegt eine allgemeine Funktion f(x, t) folgenden Typs vor:

$\frac{\partial^2 f}{\partial t^2} = \quad V^2 \; \frac{\partial^2 f}{\partial x^2}$ in unserem Fall mit, $\frac{F_0}{\rho} = V^2$

$F_0 = m\ddot{x}$ und $\rho = \frac{m}{x}$

Womit wir eine Wellengleichung erhalten haben, die uns in der Physik sehr oft begegnet.

Befassen wir uns mit diesen partiellen Differentialgleichungen genauer, so stellen wir fest, dass sie zu lösen, zu den schwierigsten Problemen der mathematischen Physik gehört. Wir finden kein vergleichbares Verfahren wie den Exponentialansatz bei den linearen Differentialgleichungen, das uns eine allgemeine Lösung liefert. So haben wir mit Hilfe der allgemeinen Lösung von gewöhnlichen Differentialgleichungen durch Anpassungen an die Randbedingungen partikuläre Lösungen bestimmt.

Also, im Falle der partiellen Differentialgleichungen gibt es keine allgemeine Lösung, hier gibt es nur partikuläre Lösungen. Aus diesem Grund haben die Randbedingungen hier einen wesentlichen Einfluss auf das Lösungsverfahren, dabei sind diese Lösungsverfahren sehr kompliziert und sehr aufwendig. Aus diesem Grund beschränken wir uns auf das Verifizieren von Lösungen und leiten eine Lösung nur für eine beidseitig eingespannte Saite her.

Nehmen wir unsere Wellengleichung, so hat sie eine Vielzahl von Lösungen. Die Lösung, die zu wählen ist, ergibt sich, wie oben erwähnt, aus den Randbedingungen des zu lösenden Problems. Zeigen wir zunächst, dass jede Funktion der Form

$$f(x,t) = \; u\,(x,t) = u\,(V \cdot \; t - x)$$

eine Lösung der Wellengleichung ist, dabei soll unsere eine beliebige zweimal nach x und t differenzierbare Funktion sein:

Hierzu ersetzen wir (v t – x) durch z und bilden mit Hilfe der Kettenregel die Ableitungen

$$\frac{\partial u}{\partial t} = \frac{\partial u}{\partial z} \cdot \frac{\partial z}{\partial t} = \frac{\partial u}{\partial z} \cdot V \text{ bzw. } V \cdot \frac{\partial u}{\partial z}$$

und erhalten für die zweite Ableitung nach der Zeit:

$$\frac{\partial^2 u}{\partial\, t^2} = V \cdot \frac{\partial^2 u}{\partial z^2} \cdot \frac{\partial z}{\partial t} = V \cdot \frac{\partial^2 u}{\partial z^2} \cdot V = \frac{\partial^2 u}{\partial z^2}\; V^2$$

also ist $$\frac{\partial^2 u}{\partial t^2} = \frac{\partial^2 u}{\partial z^2} \cdot V^2$$

Das gleiche führen wir für x durch:

$$\frac{\partial u}{\partial x} = \frac{\partial u}{\partial z} \cdot \frac{\partial z}{\partial x} = \frac{\partial u}{\partial z} \cdot (-1)$$

und erhalten für die zweite Ableitung nach x:

$$\frac{\partial^2 u}{\partial x^2} = \frac{\partial^2 u}{\partial z^2} \cdot (-1) \cdot \frac{\partial z}{\partial x} = \frac{\partial^2 u}{\partial z^2} \cdot (-1) \cdot (-1) = \frac{\partial^2 u}{\partial z^2}$$

also: $$\frac{\partial^2 u}{\partial x^2} = \frac{\partial^2 u}{\partial z^2}$$

Dies eingesetzt in die Wellengleichung $\frac{\partial^2 f}{\partial t^2} = V^2 \frac{\partial^2 f}{\partial x^2}$ liefert uns:

$$V^2 \cdot \frac{\partial^2 u}{\partial z^2} = V^2 \cdot \frac{\partial^2 u}{\partial z^2}$$

Damit konnten wir zeigen, dass jede Funktion von der Gestalt f(x,t) = u(vt-x) die Wellengleichung erfüllt. Dies könnte man auch für die Funktion w(vt+x) zeigen und somit wäre wegen der Linearität und Homogenität der Wellengleichung jede Funktion f(x, t) der Form:

F(x, t) = u(vt – x) + w(vt + x) eine Lösung der Wellengleichung und somit wird sie sowohl für eine nach links als auch rechts laufende Welle erfüllt.

## 4. Stehende Wellen

Betrachten wir jetzt den Mechanismus stehender Wellen. Als Basis nehmen wir wieder die oben hergeleitete Wellengleichung und betrachten jetzt eine beidseitig eingespannte Saite. Man kann hier keine allgemeingültige Lösung angeben, sondern muss versuchen eine spezielle Lösung für die partielle Differentialgleichung zu finden.

Unsere Basis ist also wieder: $\frac{\partial^2 f}{\partial t^2} = V^2 \frac{\partial^2 f}{\partial x^2}$ mit $\frac{F_0}{\rho} = V^2$

**Annahme:** Unsere Lösungsfunktion f(x,t) lässt sich als Produkt zweier Funktionen g(x) und h(t) schreiben.

$$f(x,t) = g(x) \cdot h(t)$$ (Produktansatz)

Das Lösungsverfahren nennt man Trennung der Variablen. Entsprechend unserer Wellengleichung bilden wir die zweifachen partiellen Ableitungen:

1. Ableitung nach t:

$$\frac{\partial f(x,t)}{\partial t} = g(x) \cdot \frac{\partial h(t)}{\partial t}$$

2. Ableitung nach t:

$$\frac{\partial^2 f(x,t)}{\partial t^2} = g(x) \cdot \frac{\partial^2 h(t)}{\partial t^2}$$ und

1. Ableitung nach x:

$$\frac{\partial f(x,t)}{\partial x} = \frac{\partial g(x)}{\partial x} \cdot h(t)$$

2. Ableitung nach x:

$$\frac{\partial^2 f(x,t)}{\partial x^2} = \frac{\partial^2 g(x)}{\partial x^2} \cdot h(t)$$

Diese Ableitungen in die Wellengleichung eingesetzt ergibt:

$$g(x) \cdot \frac{\partial^2 h(t)}{\partial t^2} = V^2 \cdot \frac{\partial^2 g(x)}{\partial x^2} \cdot h(t)$$

$$\frac{1}{V^2} \frac{\partial^2 h(t)}{\partial t^2 h(t)} = \frac{\partial^2 g(x)}{\partial x^2 g(x)} \quad \text{oder auch} \quad \frac{1}{V^2} \frac{\ddot{h}(t)}{h(t)} = \frac{\ddot{g}(x)}{g(x)}$$

Damit haben wir rechts und links Funktionen von nur einer Variablen. Diese Beziehung muss für alle t und alle x aus dem Definitionsbereich erfüllt sein. Beide Seiten können somit nur einer gewissen Konstanten k sein.

Wir erhalten somit die beiden folgenden Gleichungen:

$$\ddot{h}(t) = V^2 k \cdot h(t) \quad \text{mit} \quad \ddot{h}(t) - V^2 k \cdot h(t) = 0$$

$$\ddot{g}(x) = k \cdot g(x) \quad \text{mit} \quad \ddot{g}(x) - k \cdot g(x) = 0$$

Mit dem Exponentialansatz $h(t) = e^{rt}$ und $g(x) = e^{rx}$ erhalten wir für die Ableitungen:

$\dot{h}(t) = re^{rt}$ und für $\ddot{h}(t) = r^2 e^{rt}$, dies in die obige Gleichung eingesetzt ergibt:

$r^2 e^{rt} = V^2\, k \cdot e^{rt}$ und erhalten nach der Division durch $e^{rt}$:

für $r = V\sqrt{k}$ und $h(t) = e^{V\sqrt{k}\, t}$

Entsprechend erhalten wir $\dot{g}(x) = r\, e^{rx}$ und $\ddot{g}(x) = r^2\, e^{rx}$, dies ergibt eingesetzt:

$r^2\, e^{rx} = k \cdot e^{rx}$ dividiert $e^{rx}$ und wir erhalten $r^2 = k$ bzw. $r = \sqrt{k}$

Dabei kann k positiv oder negativ sein. Ist k positiv dann wächst die Funktion mit der Zeit exponentiell an. Da diese Lösung physikalisch keinen Sinn ergibt, setzt man daher k als negativ an und wir erhalten für die beiden Gleichungen:

$$\ddot{h}\,(t) + V^2\, k \cdot h(t) = 0$$

$$\ddot{g}\,(x) + k \cdot g(x) = 0$$

Nun wissen wir, dass die Lösungsfunktion in diesem Fall $y = y_1(x) + i\, y_2(x)$ lautet, wobei $y_1$ der Realteil ist und $y_2$ der Imaginärteil, eine komplexe Funktion der reellen Veränderlichen ist. Die allgemeine Lösung haben als $y = c_1y_1 + c_2y_2$ ermittelt.
Unsere allgemeinen Lösungen sind folglich (siehe Teil I Schwingungen):

$$h(t) = A \cos\left(V\sqrt{k} \cdot t\right) + B \sin\left(V\sqrt{k} \cdot t\right)$$

$$g(x) = C \cos\left(\sqrt{k} \cdot x\right) + D \sin\left(\sqrt{k} \cdot x\right)$$

**Zurück zu unserer Lösungsfunktion**

**(x, t) = h(t) · g(x)** sie muss jetzt den Randbedingungen genügen, in unserem Fall die beidseitig eingespannte Saite, sie soll die Länge L haben, damit ist x einmal 0 und einmal L:

Betrachten wir dazu unsere ortsabhängige Funktion g(x) für die beiden Werte:

g(0) = 0
g(L) = 0

für x = 0 erhalten wir:

$$g(0) = C\cos(\sqrt{k}\cdot 0) + D\sin(\sqrt{k}\cdot 0)$$

da das Ergebnis Null sein soll und der Cosinusterm = 1 ist, muss C = 0 sein. Für Sinusteil erhalten wir Null, womit die Größe von D keine Rolle spielt. Somit betrachten wir jetzt:

g(L) = 0 = $D\sin(\sqrt{k}L)$ ergibt $\sin(\sqrt{k}L) = \frac{0}{D} = 0$

Somit ist $\sqrt{k}L = n\pi$ oder $k = (\frac{n\pi}{L})^2$ mit n = ganze Zahl, unter Berücksichtigung der Randbedingungen schreiben wir: $k_n = (\frac{n\pi}{L})^2$ also k mit dem Index n. Damit lauten die zu $k_n$ gehörenden Lösungsfunktionen:

$$f_n(x,t) = h_n(t)\cdot g_n(x)$$

$$f_n(x,t) = \left(A_n\cos\left(\frac{V\pi n}{L}t\right)B_n\, sin\left(\frac{V\pi n}{L}t\right)\right)\sin\left(\frac{\pi n}{L}x\right)$$

Wenn wir die Integrationskonstanten der Ortsfunktionen in die Konstanten $A_n$ und $B_n$ hineinziehen und die Zeitfunktionen zusammenfassen, lässt sich die Lösungsfunktion folgendermaßen schreiben:

$$f_n\,(x,t) = \;C_n\cos\left(\frac{V\pi n}{L}\,t - \varphi_n\right)\cdot\sin\left(\frac{V\pi n}{L}\,x\right)$$

Damit steht fest, dass die eingespannte Saite nicht mit beliebiger Kreisfrequenz $\omega$ schwingen kann, sondern nur mit folgenden Frequenzen:

$$\omega_n = \frac{V\pi n}{L}$$

Mit dem Einsetzen von n = 1 erhalten wir die Kreisfrequenz der Grundschwingung:

$$\omega_1 = \frac{V\pi}{L}$$

Für n = 2, n = 3 usw. erhalten wir dann die erste, zweite usw. Oberschwingung. Da die Wellenausbreitungsgeschwindigkeit v konstant ist, ist auch die Frequenz festgelegt und wir erhalten damit die allgemeine **Lösung für stehende Wellen:**

$$f_n(x,t) = C_n \cos(n\omega_1 t - \varphi_n) \sin\left(n\frac{\pi}{L}x\right)$$

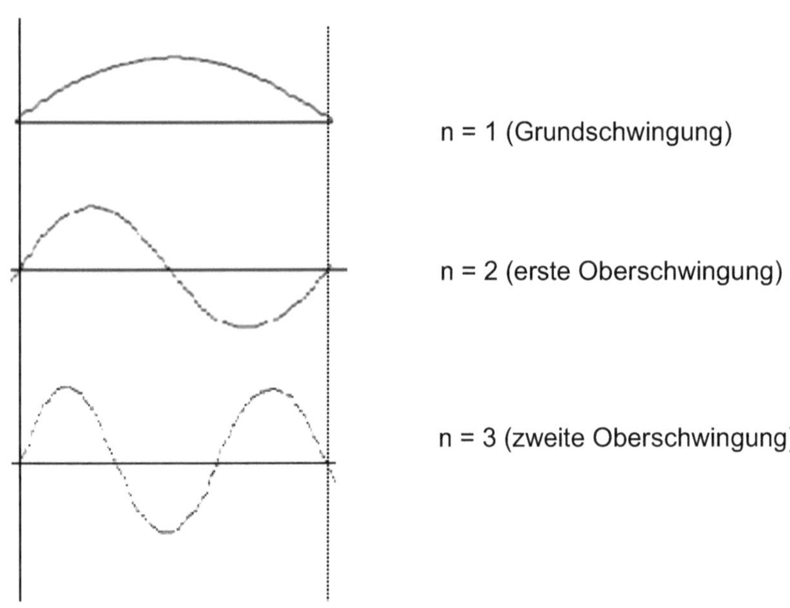


**Abb, 2.4** Schwingungsmoden (stehende Wellen)

**Beispiel**

Betrachten wir jetzt die Schwingung für n = 3 (zweite Oberschwingung), dann führt jeder Punkt der Saite eine harmonische Schwingung der Frequenz $3\omega$ aus, mit der Amplitude:

$$C_3 \sin\left(3\frac{\pi}{L}x\right)$$

Als nächstes gilt es die Punkte zu finden, die sich in Ruhe befinden, also die Knoten der stehenden Welle.

Hierzu gilt es die Werte für x zu finden:

Wir wählen: $x_i = \frac{iL}{3}$ und für i = 1,2,3, 4,… und setzten es ins Argument oben ein:

$3\frac{\pi}{L} \cdot \frac{iL}{3} = i\pi$ und erhalten mit $\pi$, $2\pi$, $3\pi$ usw. unsere Knoten.

Die Maximalauslenkung (größte Amplitude) erhalten wir für:

$x_j = \frac{2j-1}{3 \cdot 2}L$ setzen es wiederum für x ein:

$3\frac{\pi}{L} \cdot \frac{(2j-1)}{3 \cdot 2}L = \frac{\pi(2j-1)}{2}$ und erhalten mit j = 1, 2, 3, … usw.

gleich $\frac{\pi}{2}$, $\frac{3\pi}{2}$, $\frac{5\pi}{2}$, … usw. die größten Amplituden (Schwingungsbäuche).

Die reale Schwingung einer Saite ist eine beliebige Überlagerung der Grund- und Oberschwingungen abhängig von den Anregungsbedingungen. Die allgemeine Lösung dafür lautet:

$$f(x,t) = \sum_{n=1}^{\infty} c_n \cos(n\omega_1 t - \varphi_n) \cdot \sin(\frac{n\pi}{L}x)$$

Wie man sieht, kann die Funktion f(x, t) hier als unendliche Reihe dargestellt werden. Die Koeffizienten $C_n$ und die Phasen $\varphi_n$ werden durch die Anfangsbedingungen festgelegt.

Abschließend betrachten wir jetzt noch den **Zusammenhang zwischen stehenden und laufenden Wellen** und formen den Ausdruck für stehende Wellen:

$$f_n(x,t) = c_n \cos(n\omega_1 t - \varphi_n)\sin(n\frac{\pi}{L}x)$$

mit Hilfe der folgenden Additionstheoreme um:

$$\sin(\alpha + \beta) = \sin\alpha \cdot \cos\beta + \cos\alpha \sin\beta$$

$$\sin(\alpha - \beta) = \sin\alpha \cdot \cos\beta - \cos\alpha \sin\beta$$

Wir addieren beide und dividieren sie durch 2:

$$\sin(\alpha + \beta) + \sin(\alpha - \beta) = 2 \cdot \sin\alpha \cdot \cos\beta$$

$$\sin\alpha \cdot \cos\beta = \frac{1}{2}\left[\sin(\alpha + \beta) + \sin(\alpha - \beta)\right]$$

Setzen wir jetzt für $\beta = \frac{n\pi}{L}x$ und für $\alpha = n\omega t - \varphi_n$ dann erhalten wir:

$$f_n(x,t) = \frac{C_n}{2}\left[\sin(n\omega t + \frac{n\pi}{L}x - \varphi_n) + \sin(n\omega t - \frac{n\pi}{L}x - \varphi_n)\right]$$

Mit dieser Umformung zeigt sich, dass wir es hier mit einer stehenden Welle zu tun haben, als Überlagerung einer nach rechts und einer nach links laufenden Welle, mit jeweils gleicher Amplitude.

**Zur Festigung unseres Wissens der Wellenausbreitung ändern wir unsere Vorgehensweise etwas und schauen, ob wir zum gleichen Ergebnis kommen.**

Als Basis wählen wir die Funktion der Form $\xi = f(x)$ und ersetzen x zunächst durch x – a und dann durch x + a, wodurch wir die Funktionen:

$\xi = f(x-a)$ und

$\xi = f(x+a)$ erhalten. Hierzu betrachten wir die Abbildung unten:

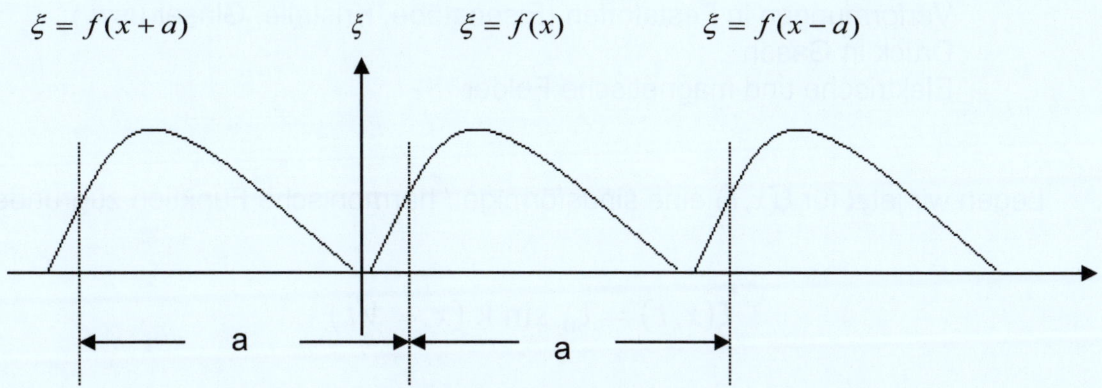


**Abb. 2.5** Verschiebungen in Abhängigkeit von der Phase

Wir stellen fest, dass die Kurve ihre Gestalt nicht verändert hat. Wir haben lediglich eine Verschiebung nach rechts und links:

Verschiebung um den Betrag a nach rechts: $\xi = f(x-a)$
Verschiebung um den Betrag a nach links: $\xi = f(x+a)$.

a sei jetzt $a = V \cdot t$ mit v als Geschwindigkeit und t als Zeit.

Unsere Kurve bewegt sich jetzt mit der Geschwindigkeit v (wir bezeichnen jetzt v als die Phasengeschwindigkeit) nach rechts oder links:

$$\xi(x,t) = f(x \pm Vt) \quad bzw.$$

$$\xi(x,t) = f(x - Vt)$$ nach rechts

$$\xi(x,t) = f(x + Vt)$$ nach links

**Mit der Funktion** $\xi(x,t) = f(x \pm Vt)$ lassen sich physikalische Situationen beschreiben, die sich ohne Verformung längst der positiven oder negativen X-Achse fortpflanzen.

Als physikalische Größen kommen die unterschiedlichsten in Frage wie:

Verformungen in Feststoffen (Eisenstäbe, Kristalle, Gläser usw.)
Druck in Gasen
Elektrische und magnetische Felder

Legen wir jetzt für $\xi(x,t)$ eine sinusförmige / harmonische Funktion zugrunde:

$$\xi(x,t) = \xi_0 \sin \mathrm{k} \, (x - Vt)$$

und ersetzen x durch $x + \frac{2\pi}{k}$ mit $k = \frac{2\pi}{\lambda}$ genannt Wellenzahl

und $\lambda$ als Wellenlänge

$$\xi(x,t) = \xi\left(x + \tfrac{2\pi}{k}, t\right) = \xi_0 \sin \mathrm{k} \left(x + \tfrac{2\pi}{k} - Vt\right)$$

$$\xi(x,t) = \xi_0 \sin \mathrm{k} \left(x + \frac{2\pi}{k} - Vt\right)$$

$$\xi(x,t) = \xi_0 \sin (kx - kVt + 2\pi)$$

$$\xi(x,t) = \xi_0 \sin [(k(x - Vt) + 2\pi)]$$

Wir definieren dann $\lambda = \frac{2\pi}{k}$ als die Raumperiode und k ist die Zahl von Wellenlängen pro Entfernung $2\pi$, wobei $\lambda$ für die Wellenlänge steht.

Somit stellt $\xi(x,t) = \xi_0 \sin \mathrm{k} \, (\mathrm{x} - \mathrm{Vt}) = \xi_0 \sin \frac{2\pi}{\lambda} (x - Vt)$

eine sinusförmige bzw. harmonische Welle mit der Wellenlänge $\lambda$ dar, die sich längst der X-Achse nach rechts mit der Geschwindigkeit v ausbreitet.

Unsere Gleichung lässt sich jetzt noch etwas weiter umformen:

$$\xi(x,t) = \xi_0 \sin(kx - kVt) \text{ ergibt}$$

$$\xi(x,t) = \xi_0 \sin(kx - \omega t)$$

denn kv = $\omega = \frac{2\pi}{\lambda}$ mit $\omega = 2\pi\nu$ und $\nu$ als Frequenz, mit der sich die physikalische Situation an jedem Punkt x ändert, somit erhalten wir:

$\lambda\nu$ = V (v = Fortpflanzungsgeschwindigkeit)

Setzen wir jetzt für die Periode P = $\frac{2\pi}{\omega} = \frac{1}{\nu}$ ein, so lässt sich die Funktion auch als:

$$\xi(x,t) = \xi_0 \sin 2\pi(\frac{x}{\lambda} - \frac{t}{P})$$ schreiben und wir haben drei identische Formen.

Für die Ausbreitung – X- Richtung gilt entsprechend:

$$\xi(x,t) = \xi_0 \sin \mathrm{k}\,(x + Vt)$$

$$\xi(x,t) = \xi_0 \sin(kx + \omega t)$$

$$\xi(x,t) = \xi_0 \sin 2\pi(\frac{x}{\lambda} + \frac{t}{P})$$

Zeigen Sie die Raumverteilung von $\xi(x,t)$ für die Zeiten: $t_0$, $t_0 + \frac{P}{4}$, $t_0 + \frac{P}{2}$, $t_0 + \frac{3P}{4}$ und $t_0 + P$

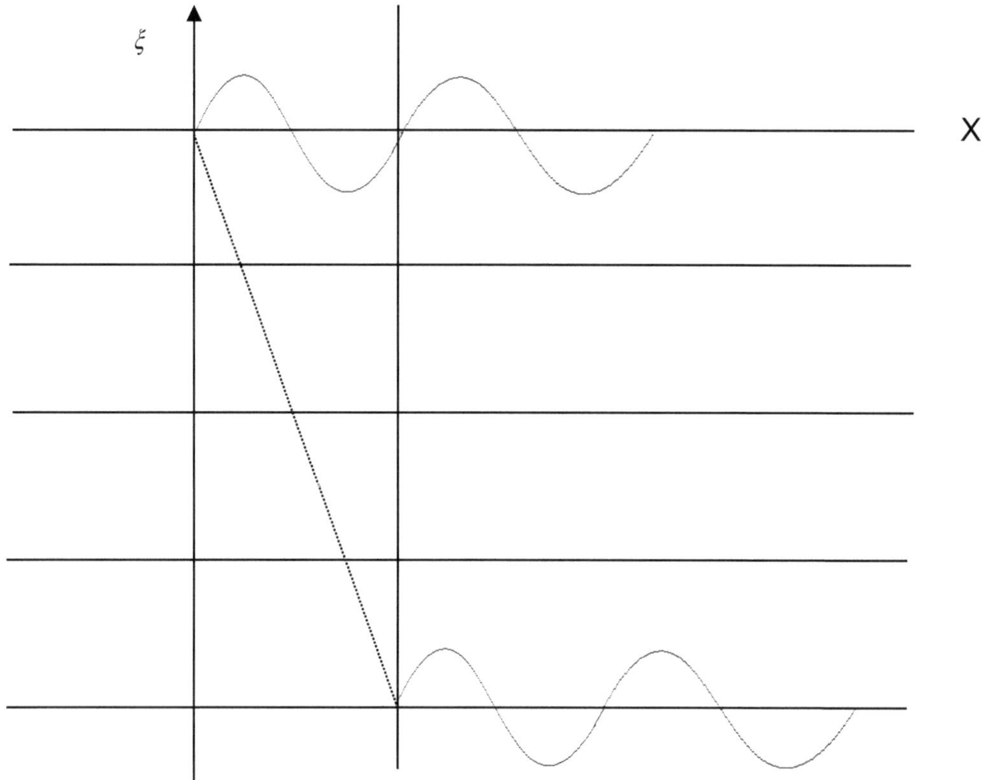


***Abb. 2.6*** *Ausbreitung der Welle nach rechts*

Anhand der Raumverteilung erkennt man, wie sich die physikalische Situation im Raum wiederholt, während sie sich nach rechts fortpflanzt. Verantwortlich dafür ist: $\lambda = \text{v} / \nu = \text{v P}$. damit wurde gezeigt, dass die Wellenlänge die Entfernung darstellt, um die die Wellenausbreitung während einer Periode fortschreitet. Für die sinusförmige Wellenausbreitung haben wir zwei Periodizitäten, die räumliche mit $\lambda$ und die zeitliche mit P verbunden durch $\lambda = \text{v P}$.

Zeigen Sie, dass die allgemeine Form wie folgt geschrieben werden kann:

$$\xi(x,t) = F\,(t \pm \frac{x}{V})$$

## 5. Fortpflanzung eines zeitabhängigen Feldes als Welle

Es gilt jetzt zu untersuchen, wie im Ansatz 1 wann sich ein zeitabhängiges Feld als Welle fortpflanzt. Da die Felder, soweit sie mit einem physikalischen Vorgang verknüpft sind, durch für jeden Vorgang charakteristische dynamische Felder gegeben sind, gilt es eine allgemeingültige Gleichung zu finden, die auf alle Arten der Wellenausbreitung anwendbar sind. Insgesamt sollten wir zum gleichen Ergebnis kommen. Wir wollen wieder, dass sich die Welle mit einer bestimmten Geschwindigkeit störungsfrei ausbreitet.

Hinweis Feld: Dieser Begriff wurde in die Physik eingeführt, um die Wechselwirkungen zu beschreiben, aber nicht alle Felder entsprechen diesen Wechselwirkungen. Die bekannten typischen vier Wechselwirkungen sind die schwache, die starke, die elektromagnetische und die die der Gravitation.

Wie bereits ermittelt, sollte unsere Wellengleichung lauten:

$$\frac{\partial^2 f}{\partial t^2} = V^2 \frac{\partial^2 f}{\partial x^2}$$

und wählen statt, komplizierte mathematische Methoden nochmal unsere sinusförmige Welle:

$\xi(x,t) = \xi_0 \sin \mathrm{k}\,(x - Vt)$, leiten diese wieder zeitlich und räumlich ab und erhalten:

1. Ableitung nach der Zeit: $\frac{\partial \xi}{\partial t} = -kV\xi_0 \cos k(x - Vt)$

2. Ableitung nach der Zeit: $\frac{\partial^2 \xi}{\partial t^2} = -k^2 V^2 \xi_0 \sin k(x - Vt)$

1. Ableitung nach dem Raum: $\frac{\partial \xi}{\partial x} = k\xi_0 \cos k(x - Vt)$

2. Ableitung nach dem Raum: $\frac{\partial^2 \xi}{\partial x^2} = -k^2 \xi_0 \sin k(x - Vt)$

Nehmen wir jeweils die zweiten Ableitungen und formen sie ein wenig um:

$\frac{\partial^2 \xi}{\partial x^2} = -k^2 \xi_0 \sin k(x - Vt)$ in $-\frac{1}{k^2}\frac{\partial^2 \xi}{\partial x^2} = \xi_0 \sin k(x - Vt)$

und

$$\frac{\partial^2 \xi}{\partial t^2} = -k^2 V^2 \xi_0 \sin k(x - Vt) \text{ in } \quad -\frac{1}{k^2 V^2} \frac{\partial^2 \xi}{\partial t^2} = \xi_0 \sin k(x - Vt)$$

so erkennt man, dass sich die beiden gleichsetzen lassen:

$$-\frac{1}{k^2 V^2} \frac{\partial^2 \xi}{\partial t^2} = -\frac{1}{k^2} \frac{\partial^2 \xi}{\partial x^2}$$

Indem wir in der Gleichung $k^2$ kürzen, das Minuszeichen entfernen und $V^2$ auf die andere Seite bringen, erhalten wir wieder die uns bekannte Wellengleichung:

$$\frac{\partial^2 \xi}{\partial t^2} = V^2 \frac{\partial^2 \xi}{\partial x^2}$$

Für die weitere Betrachtung ist es wichtig zu wissen, dass diese Wellengleichung nur für bestimmte Nährungen gilt, wie kleine Amplituden oder große Wellenlängen. Die Wellengleichungen folgen aus den dynamischen Gesetzen des Vorganges.

**Beispiele für Wellen**

Da wir uns bereits mit der Seilwelle beschäftigt haben, befassen wir uns im Folgenden noch mit einigen anderen Wellenarten:
Elastische Wellen in einem festen Stab (Ausbreitung longitudinal und transversal)

## 6. Elastische Wellen

Durch einen Schlag auf den Querschnitt des Stabes mit einer Kraft F wird eine Störung entlang des Stabes ausgelöst. Hierzu betrachten wir den Stab an einer beliebigen Stelle, hierzu wurde er scheinbar an der Stelle zum besseren Verständnis getrennt (Abbildung 2.7).

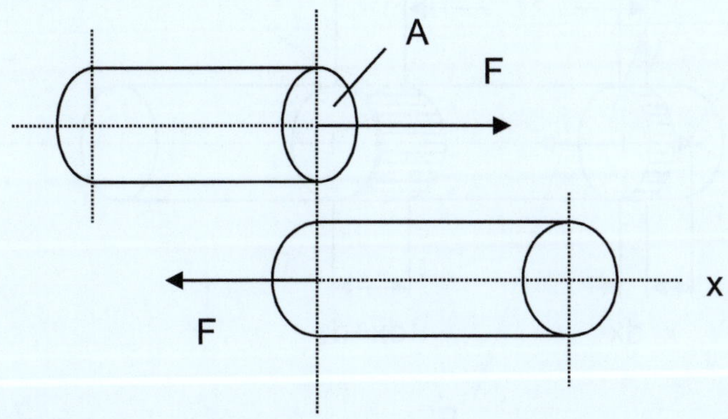


**Abb. 2.7** Elastische Wellen in einem Stab mit longitudinaler Ausbreitung

Wir betrachten jetzt zwei Fälle: der Stab ist im Gleichgewicht und nicht im Gleichgewicht.

Betrachten wir den Stab nah dem Schlag, so liegt jetzt ein **Normalspannungszustand S** vor. Dieser ist an jedem beliebigen Querschnitt des Stabes definiert, als die **Kraft F** die pro **Flächeneinheit A** in beide Richtungen senkrecht zum Querschnitt angreift:

$$S = \frac{F}{A} \qquad \text{die Einheit hierfür ist } Nm^{-2}$$

Die Kraft bewirkt aber auch eine Verschiebung $\xi$ eines jeden Querschnitts A des Stabes parallel zur Achse x des Stabes. Ist diese Verschiebung überall gleich, so kommt es zu keiner Verformung des Stabes, sondern nur zu einer starren Verschiebung des Stabes entlang seiner x-Achse. Kommt es aber zu einer Verformung des Stabes, so ändert sich $\xi$ längst des Stabes und wir haben eine Verformung. Damit ist $\xi$ jetzt eine Funktion von x. Dies schauen wir uns genauer an (Abb. 2.8 unten):

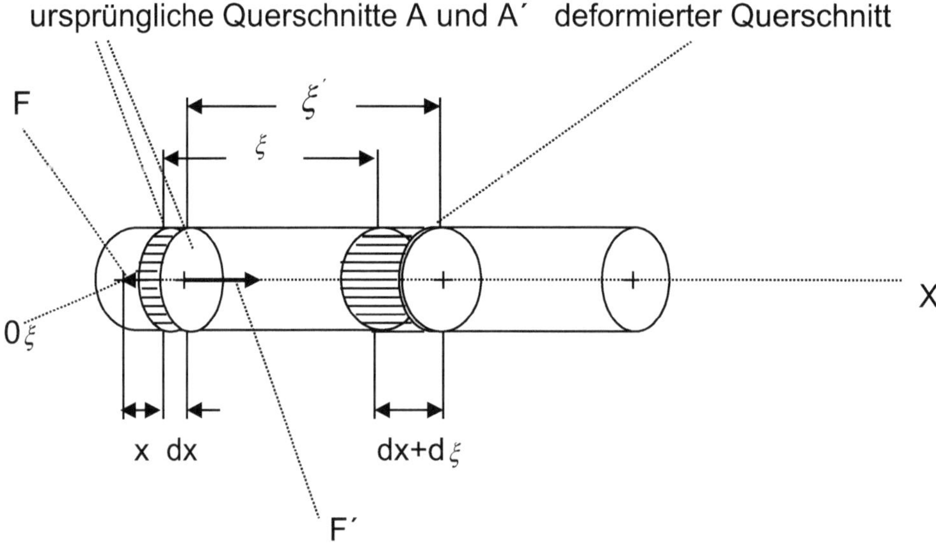


**Abb. 2.8** Auswirkung einer Kraft auf einen Stab

Wir betrachten die Querschnitte A und A´ im ungestörten Zustand im Abstand dx. Wirken jetzt die Kräfte, so verschiebt sich der Querschnitt A um den Abstand $\xi$ und der Querschnitt A´ um den Abstand $\xi'$. Damit ist die Entfernung im deformierten Zustand zwischen A und A´:

$$dx + (\xi' - \xi) = dx + d\xi$$

Mit der Verformung $d\xi$ können wir die Dehnung als $\frac{d\xi}{dx}$ definieren, die bezeichnen wir mit $\varepsilon$, also:

$$\frac{d\xi}{dx} = \varepsilon$$ die Größe $\varepsilon$ ist dimensionslos

Für den Fall, dass $\xi$ konstant ist, tritt keine Verformung auf und auch die Dehnung $\varepsilon$ ist dann gleich null.

Innerhalb der elastischen Grenzen des Materials ist der Normalspannungszustand proportional zur Normaldeformation. Zwischen dem Normalspannungszustand S und der Dehnung $\varepsilon$ besteht entsprechend dem Hookeschen Gesetz die Beziehung:

S = Y $\varepsilon$ bzw. $S = Y\frac{d\xi}{dx}$

mit **Y** als Proportionalitätskonstante,

genannt: **Youngsches Elastizitätsmodul**

(Einheit = $Nm^{-2}$)

**Hinweis:** Die Beschreibung gilt nur solange die Deformation klein ist, für große Deformationen ist Beschreibung der physikalischen Situation sehr viel komplizierter und die Spannung, ab der das Hookesche Gesetz nicht mehr gilt, wird Elastizitätsgrenze genannt.

Wir setzen jetzt $S = \frac{F}{A}$ in $S = Y\frac{d\xi}{dx}$ ein und formen nach F um und erhalten:

$$F = AY\frac{d\xi}{dx}$$

**Annahme 1:** Der Stab befinde sich im Gleichgewicht und sein Ende sei am Punkt 0 eingespannt, das andere Ende A unterliegt der Kraft F. Zudem muss die Kraft an jedem Abschnitt gleich und gleich F (konstant) sein. Wir formen die Gleichung oben um und integrieren:

$$Fdx = AYd\xi$$

$$\frac{F}{AY}\int_0^x dx = \int_0^\xi d\xi$$ bzw. erhalten: $\xi = \frac{F}{AY}x$

Wir erkennen, dass $\xi$ proportional zu x ist. Für den Fall, dass der Stab die Länge L hat und die Deformation am freien Ende A gleich l ist, setzt man x = l und erhält:
$l = \frac{F}{AY} L$

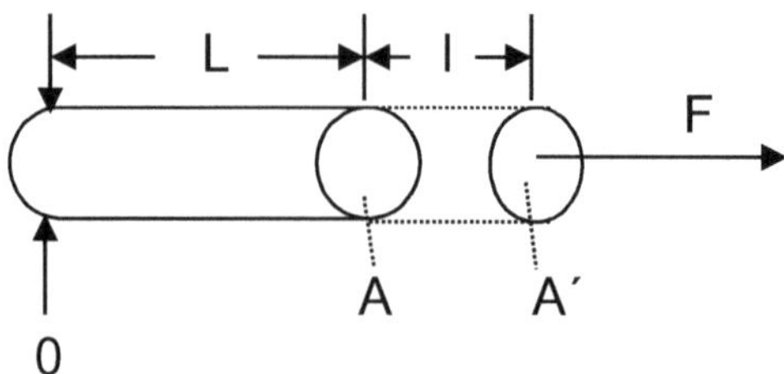


**Abb. 2.9** Deformation an einem Stab

Damit hätten wir auch eine Grundlage zur experimentellen Bestimmung des Youngschen Elastizitätsmoduls.

**Annahme 2:** Der Stab befinde sich nicht im Gleichgewicht. Die Kraft entlang des Stabes ist nicht die gleiche. Damit liegt ein Abschnitt des Stabes einer resultierenden Kraft. Dies erkennt man in der Abbildung weiter oben. Dort unterliegt die Fläche A´ mit dem Abschnitt der Dicke dx einer Kraft F´ nach rechts als Ergebnis des Zuges des rechten Teils des Stabes. Die Fläche A unterliegt entsprechend einer Kraft F des linken Teils nach links. Die resultierende Kraft auf den rechten Abschnitt ist F´ - F, was zu einer beschleunigten Bewegung des Abschnittes führt. Die Anwendung auf den Abschnitt zeigt, dass die Verschiebung die nachfolgende Wellengleichung erfüllt:

$$\frac{d^2\xi}{dt^2} = \frac{Y}{\rho}\frac{d^2\xi}{dx^2}$$ in diesem Fall ist $V^2 = \sqrt{\frac{Y}{\rho}}$

Führen wir den Beweis:

Die Gesamtkraft auf den Abschnitt des Stabes AA´ sei gegeben durch:

$$F' - F = dF$$

Wir kennen die Dichte $\rho$ des Stabmaterials und somit die Masse *dm* des Abschnittes:

$$dm = \rho dV = \rho A dx \text{ mit } A dx = dV$$

Wir wissen, dass die Beschleunigung $\frac{d^2\xi}{dt^2}$ ist entsprechend der Bewegungsgleichung:

Kraft = Masse x Beschleunigung. Somit gilt für den Abschnitt:

$$dF = (\rho A dx)\frac{d^2\xi}{dt^2} \text{ bzw. } \frac{dF}{dx} = \rho A \frac{d^2\xi}{dt^2}$$

Nun haben wir es hier mit zwei Feldern zu tun: die Verschiebung $\xi$ eines jeden Abschnittes des Stabes, wobei $\xi$ eine Funktion des Ortes und der Zeit ist und als zweites Feld die Kraft, die ebenfalls eine Funktion des Ortes und der Zeit ist. Beide Felder hängen über die Bewegungsgleichung zusammen:

$$F = AY\frac{d\xi}{dx} \text{ und somit } \frac{dF}{dx} = AY\frac{d\xi^2}{dx^2}$$

Setzen wir $\frac{dF}{dx}$ in die Wellengleichung ein, so erhalten wir:

$$AY\frac{d\xi^2}{dx^2} = \rho A \frac{d^2\xi}{dt^2}$$

und nach dem Kürzen von A und das rüberbringen von y auf die andere Seite:

$$\frac{d\xi^2}{dx^2} = \frac{\rho}{Y}\frac{d^2\xi}{dt^2}$$ also wieder unsere Wellengleichung.

Entsprechendes erhalten wir für die Feder, in der sich eine Welle ausbreitet:

$$\frac{d\xi^2}{dx^2} = \frac{kL}{m}\frac{d^2\xi}{dt^2}$$ wobei $V = \sqrt{\frac{kl}{m}}$ ist mit k als elastische Konstante.

## 7. Druckwelle in einer Gassäule

Es besteht ein grundlegender Unterschied zwischen elastischen Wellen in einem festen Stab und in Gasen. Da Gase leicht komprimierbar sind, kommt es bei der Erzeugung von Druckschwankungen zu Schwankungen in der Dichte und im Druck. Hierzu betrachten wir zunächst die Gassäule im Gleichgewicht, dann ist $p_0$ der Druck und $\rho_0$ die Dichte über die gesamte Gassäule gleich und damit unabhängig von x.

Wird jetzt dieser Druck gestört wird, so wird ein Volumenelement Adx in Bewegung versetzt. Da die Drucke $p$ und $p'$ an beiden Enden verschieden sind, führt dies zu einer resultierenden Kraft. In der Folge wird A um $\xi$ und A´ um $\xi'$ verschoben. Damit beträgt die Dicke des Volumenelements nach der Deformation:

$$dx + (\xi' - \xi) = dx + d\xi$$ und ist somit soweit identisch zum Stab

Allerdings haben wir jetzt eine der Veränderung des Volumens und damit eine Veränderung der Dichte aufgrund der größeren Kompressibilität des Gases. Diese Veränderung müssen wir berücksichtigen, was durch die Definition des Kompressibilitätsmoduls geschieht:

$$\kappa = \rho_0 \left( \frac{dp}{d\rho} \right)$$

Die Einheit ist wieder $Nm^{-2}$, da sich die Einheiten der Dichte gegenseitig aufheben

Hierbei drückt das Gas, das sich links vom Volumenelement (begrenzt durch A und A´) befindet.
Mit einer Kraft pA nach rechts. Das Gas auf der rechten Seite drückt mit der Kraft pA´ nach links.

Die resultierende Kraft in x-Richtung ist somit (siehe Abb. 2.10):

$$(p - p') A$$

Diese Kraft, durch die sich die Volumenelemente bewegen, führt zu einer Welle, die sich im Gas fortpflanzt. Als Ergebnis muss die Verschiebung $\xi$ die Wellengleichung erfüllen:

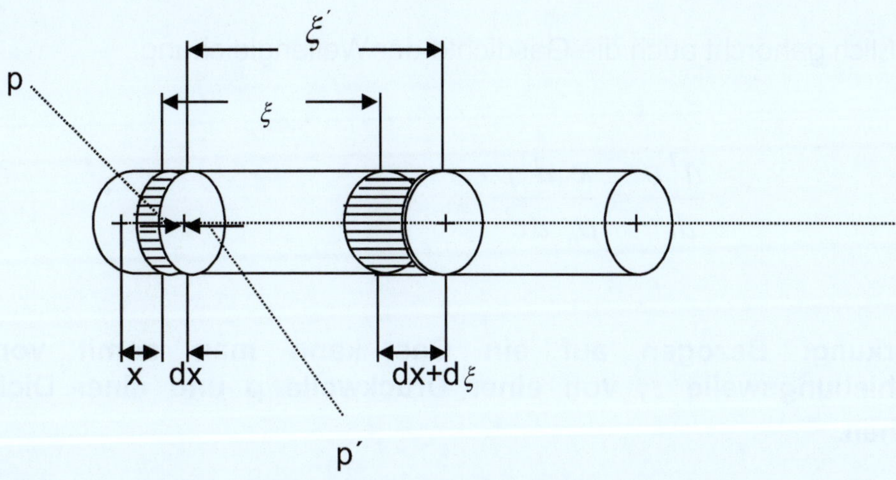


***Abb. 2.10*** *Druckwelle (Verschiebungswelle) pflanzt sich in einem Gas fort*

Ohne auf die mathematische Herleitung einzugehen, sei hier darauf hingewiesen, dass die Verschiebung $\xi$ die Wellengleichung (unten) erfüllt:

$$\frac{d^2\xi}{dt^2} = \frac{\kappa}{\rho_0}\frac{d^2\xi}{dx^2}$$

Die Diskussion des Volumenelements wäre mathematisch sehr aufwendig, weshalb hier darauf verzichtet wird.

Aus der Wellengleichung kann man entnehmen, dass sich die Welle mit der Geschwindigkeit

$$V = \sqrt{\frac{\kappa}{\rho_0}}$$ fortbewegt.

Der Druck erfüllt ebenfalls die Wellengleichung:

$$\frac{d^2 p}{dt^2} = \frac{\kappa}{\rho_0} \frac{d^2 p}{dx^2}$$

Aus diesem Grund werden elastische Wellen in einem gas als Druckwellen bezeichnet.

Schließlich gehorcht auch die Gasdichte der Wellengleichung:

$$\frac{d^2 \rho}{dt^2} = \frac{\kappa}{\rho_0} \frac{d^2 \rho}{dx^2}$$

**Anmerkung: Bezogen auf ein Gas kann man somit von einer Verschiebungswelle $\xi$, von einer Druckwelle p und einer Dichtewelle sprechen.**

Die Wellenausbreitung in Gasen ist im Allgemeinen ein adiabatischer Vorgang. Die Veränderungen laufen so schnell ab, so dass es zu keiner Wärmeübertragung kommt. Damit stellt sich die Frage, was sich denn bei der Wellenbewegung ausbreitet. Die Antwort bzw. hierauf ist sehr abstrakt, aber wir können es folgendermaßen beschreiben:

> Das was sich fortpflanzt, ist ein physikalischer Zustand, der an einem Ort erzeugt wird und infolge der Natur des Phänomens der Zustand auf andere Bereiche übertragen wird. Um hier genauer darauf einzugehen, wäre es erforderlich in die Atom- bzw. Molekularphysik einzusteigen, was hier den Rahmen sprengen würde.
> Ähnlich der Wellen, die wir bisher diskutiert haben, lassen sich auch Transversal- und Torsionswellen in einem Stab diskutieren, worauf wir hier verzichten.

Selbstverständlich existieren zahlreiche weitere Wellenformen gerade auch im dreidimensionalen Bereich wie:

> die Kugelwelle, die Zylinderwelle oder einfach ebene Wellen.

Wir haben zudem die Reflexion und Interferenz in Form einer Seilwelle kennengelernt und damit gleichzeitig die linear polarisierte transversale Welle. Wir werden im Bereich der Optik/lineare Optik nochmal auf Prozesse wie Brechung, Streuung, Beugung, Reflexion eingehen.

**Wichtig**

Das hier erlangte Wissen, hat in vielen weiteren Bereichen der Physik eine tragende Rolle, was wir auch im Bereich der Atom- und Kernphysik sehen werden.

**Lerninhalte:**

**Sie können jetzt**

1. den Begriff Welle erklären und hierfür Beispiele nennen
2. die Wellengleichung herleiten
3. die räumlichen und zeitlichen Abhängigkeiten anhand der Wellengleichung erklären
4. die Wellenausbreitung in Gasen als im Allgemeinen adiabatischen Vorgang beschreiben
5. erklären, wann man von einer stehenden Welle spricht und wie diese entsteht.

## 8. Mathematischen Beschreibung der Schwingungen

**Exkurs 2.1(a):**

**Um nicht nur die Näherung für kleinen Winkel zu verstehen, betrachte man die Reihen, wie die Geometrische Reihe, die Taylorreihe und die MacLaurinsche Reihe** *(Mathematik Übungsheft 4: 1.16.3)*:

Geometrische Reihe:

$a + aq + aq^2 + ... + aq^n + ...$ dabei sind a, q reelle Zahlen, das allgemeine Glied lautet:

$aq^n$ und man berechne die ersten r Glieder

$$s_r = \sum_{n=0}^{n=r-1} aq^n$$

Um die Berechnung zu erleichtern, multipliziert man die Reihe gliedweise mit q und subtrahiere hiervon die ursprüngliche Reihe.

$$qs_r = aq + aq^2 + aq^3 + ... + aq^{r-1} + aq^r$$

$$s_r = a + aq + aq^2 + aq^3 + ... + aq^{r-1}$$

$$qs_r - s_r = -a + aq^r$$

$$s_r = a\frac{q^r - 1}{q - 1} = a\frac{1 - q^r}{1 - q}$$ mit $q \neq 1$

Für die Berechnung müssen wir zwei Fälle unterscheiden:

1. Fall: $|q| < 1$, dann gilt $s = \lim_{r \to \infty} s_r = \lim_{r \to \infty} a\frac{1 - q^r}{1 - q} = a\frac{1}{1 - q}$ und es existiert ein Grenzwert

2. Fall: $|q| > 1$, dann wächst $q^r$ für $r \to \infty$ über alle Grenzen, es existiert kein endlicher Grenzwert

**Exkurs 2.1 (b):**

Nehmen wir die unendliche Potenzreihe:

$$f(x)=\sum_{n=0}^{\infty} a_n x^n = a_0 + a_1 x + a_2 x^2 + ... + a_n x^n + ...$$

Dann müssen wir für die Koeffizienten für jede Funktion speziell entwickeln. Voraussetzung für die Identität zwischen Funktion und Reihe ist, dass die Funktion beliebig oft differenzierbar ist (notwendige, aber nicht hinreichende Bedingung, siehe Literatur).

Annahme: Die Entwicklung ist möglich z.B. für:

$$Y=\sin x\,,\ Y=\cos x\,,\ Y=e^x\,,\ Y=a^x$$

Mit der gegebenen Identität lassen sich die Koeffizienten $a_n$ bestimmen. Wir fordern jetzt, dass für den Punkt x = 0 die Funktion f(x) und alle ihrer Ableitungen mit der Reihe und allen ihren Ableitungen übereinstimmen.

$$f(x)=a_0+a_1x+a_2x+...+a_nx^n+...$$

1. Schritt: $f(0)=a_0+a_1 0+a_2 0+...+a_n 0+...=a_0$ womit der erste Koeffizient bestimmt ist

2. Schritt: $f'(x)=a_1+a_2 2x+a_3 3x^2+...+a_n nx^{n-1}+...$ für x = o

bedeutet dies, dass $f'(0)=a_1$ ist.

3. Schritt: $f''(x) = a_2 2 + a_3 2\cdot 3x + a_4 3\cdot 4\,x^2 + \cdots$

und mit x= 0 erhalten wir $f''(0)=2a_2$ bzw. $a_2=\frac{f''(0)}{2}$

**Exkurs 2.1 (c):**

n-ter Schritt:

$$f^{(n)}(x) = n(n-1)(n-2)...1 \cdot a_n + (n+1)n(n-1)(n-2)...a_{n+1}x + ...$$

für x = 0:

$$f^{(n)}(0) = n(n-1)(n-2) \cdot ... \cdot 2 \cdot 1 \cdot a_n$$

damit ist $a_n \dfrac{f^{(n)}(0)}{n(n-1)(n-2) \cdot ... \cdot 2 \cdot 1}$

schreiben wir dies als Fakultät, erhalten wir mit:

$1! = 1, \quad 2! = 1 \cdot 2, \quad 3! = 1 \cdot 2 \cdot 3$ usw.

$$a_0 = f(0)\,,\ a_1 = \frac{f'(0)}{1!}\,,\ a_2 = \frac{f''(0)}{2!}\ \ ...\ a_n = \frac{f^{(n)}(0)}{n!}$$

die Funktion

$$f(x) = f(0) + \frac{f'(0)}{1!}x + \frac{f''(0)}{2!}x^2 + ... + \frac{f^{(n)}(0)}{n!}x^n + ... = \sum_{n=0}^{\infty} \frac{f^{(n)}(0)}{n!}x^n$$

**Die obige Darstellung einer Funktion als Potenzreihe heißt die Entwicklung einer Funktion in eine Taylorreihe. Die Entwicklung an der Stelle Null heißt MacLaurinsche Form.**

**Exkurs 2.2 Teil I:**

**Beispiele:**

I) **Exponentialfunktion** $e^x$ **als Reihe**:

Bildung der Ableitungen:

$$f(x) = e^x,\ f'(x) = e^x,\ ...,\ f^{(n)}(x) = e^x$$

Mit $f(0) = e^x = 1$ ergibt sich:

$$f(x) = e^x = 1 + \frac{x}{1!} + \frac{x^2}{2!} + \frac{x^3}{3!} + \cdots + \frac{x^n}{n!} + \cdots$$

$$e^x = \sum_{n=0}^{\infty} \frac{x^n}{n!}$$

Die unendliche Potenzreihe ist mit $e^x$ identisch. Betrachtet wir der Ausdruck n! im Nenner des Koeffizienten, so kann man zeigen, dass diese schneller steigt als jede Potenzfunktion. Die Glieder mit großem n werden beliebig klein, so gilt für x = 1:

$$f(1) = e^1 = 1 + 1 + \frac{1}{2} + 1\frac{1}{6} + \frac{1}{24} + \frac{1}{120} + \frac{1}{720} + \cdots 2{,}71822$$

Es gilt für $f(x) = e^{-x} = 1 - \frac{x}{1!} + \frac{x^2}{2!} - \frac{x^3}{3!} + \frac{x^4}{4!} - \frac{x^5}{5!} \pm \cdots$

**Exkurs 2.2 Teil II:**

**II) Sinusfunktion:**

$$
\begin{aligned}
f(x) &= \sin x & f(0) &= \sin(0) = 0 \\
f'(x) &= \cos x & f'(0) &= \cos(0) = 1 \\
f''(x) &= -\sin x & f''(0) &= -\sin(0) = 0 \\
f'''(x) &= -\cos x & f'''(0) &= -\cos(0) = -1
\end{aligned}
$$

Man erkennt, dass die Hälfte der Glieder wegfällt und erhält als **Taylorreihe für die Sinusfunktion**:

$$f(x) = \sin x = x - \frac{x^3}{3!} + \frac{x^5}{5!} - \frac{x^7}{7!} + \frac{x^9}{9!} - \cdots \quad ,$$

$$\sin x = \sum_{n=0}^{\infty} \frac{(-1)^n}{(2n+1)!} x^{2n+1}$$

und wieder werden die Glieder höherer Ordnung beliebig klein.

**III) Für die Cosinusfunktion** erhalten wir entsprechend:

$$f(x) = \cos x = \sum_{n=0}^{\infty} (-1)^n \frac{x^{2n}}{(2n)!} = 1 - \frac{x^2}{2!} + \frac{x^4}{4!} - \frac{x^6}{6!} + \cdots$$

## III Geometrische Optik 77

## 1. Grundlegende Begriffe der geometrischen Optik

Grundlagen: Wellen Übungen 2

**Unter der geometrischen Optik oder Strahlenoptik** versteht man die geradlinige Ausbreitung des Lichtes, dabei wird bei dem Strahl von einem stark begrenzten Lichtbündel ausgegangen. Diese Betrachtungsweise hilft das Spiegel und Linsen in ihrer Funktion leichter zu verstehen. Besonders gut eignet sich diese Herangehensweise, wenn wir an optische Geräte denken, wie Mikroskope, Fotoapparate, Aufbau von Strahlengängen bei Experimenten im Zusammenhang mit Kristallen oder Linsen usw.

Um ein Lichtbündel zu erhalten, benötigt man eine Punktquelle. Um diese Punktquelle zu erhalten, gibt es verschiedene Möglichkeiten. Wir nehmen hierzu ein Loch, das groß genug sein muss, um das Lichtbündel durchzulassen. Dazu muss es wesentlich größer im Durchmesser sein als der Durchmesser des Lichtbündels selbst. In der Literatur wird oft eine Größe angegeben, die ca. 4000-Mal größer ist als der Durchmesser des Lichtbündels selbst. Der Grund hierfür ist, dass es sonst zu Beugungen kommt. Dies lässt sich gut verstehen, wenn man sich mit der Ausbreitung von Wasserwellen beim Austritt aus einer Öffnung, in zum Beispiel einer Wand, befasst (Huygens). Beim Durchtritt der Öffnung entstehen kleine Elementarwelle, die sich in alle Richtungen ausbreiten, sie gehen also sozusagen auch um die Ecken.

Die **Strahlenoptik** eignet sich gut in einem Medium wie die Luft, dabei geht man davon aus, dass sie sich im thermischen Gleichgewicht befindet, kurz die Temperatur einheitlich ist. Den Weg des Strahles können wir nur beobachten, weil das Licht die schwebenden Teilchen in der Luft beleuchtet. Diese Teilchen heben sich besonders gut vom dunklen Hintergrund ab.

Mit dem Vorhandensein einer idealen punktförmigen, geradlinigen Lichtquelle sollten die vom Strahl getroffenen Gegenstände scharfe begrenzte Schattenbilder liefern, doch bei genaueren Untersuchungen mit einer Lupe oder Mikroskop zeigt sich, dass das Schattenbild nicht scharf begrenzt ist, sondern besteht aus dunklen und hellen Streifen. Wir haben es mit Beugungserscheinungen zu tun wie durch Huygens beschrieben. Damit haben wir einen Beweis für die Wellennatur des Lichtes.

Das Licht ist eine elektromagnetische Welle von unterschiedlichen Wellenlängen und Frequenzen, es muss somit die Wellengleichung erfüllen. Im Vakuum breitet es sich mit der Lichtgeschwindigkeit aus. In Materie ist die Ausbreitungsgeschwindigkeit von der Wellenlänge abhängig. Bevor wir den

## 1. Grundlegende Begriffe der geometrischen Optik

| **Grundlagen:** Wellen Übungsheft 2 |
|---|

**Unter der geometrischen Optik oder Strahlenoptik** versteht man die gradlinige Ausbereitung des Lichtes, dabei wird bei dem Strahl von einem stark begrenzten Lichtbündel ausgegangen. Diese Betrachtungsweise hilft uns Spiegel und Linsen in ihrer Funktion leichter zu verstehen. Besonders gut eignet sich diese Herangehensweise, wenn wir an optische Geräte denken, wie Mikroskope, Fotoapparate, Aufbau von Strahlengängen bei Experimenten im Zusammenhang mit Kristallen oder Linsen usw..

**Um ein Lichtbündel** zu erhalten benötigt man eine Punktquelle. Um diese Punktquelle zu erhalten, gibt es verschiedene Möglichkeiten. Wir nehmen hierzu ein Loch, das groß genug sein muss, um das Lichtbündel durchzulassen. Dazu muss es wesentlich größer im Durchmesser sein als der Durchmesser des Lichtbündels selbst. In der Literatur wird oft eine Größe angegeben die ca. 4000-Mal größer ist als der Durchmesser des Lichtbündels selbst. Der Grund hierfür ist, dass es sonst zu Beugungen kommt. Dies lässt sich gut verstehen, wenn man sich mit der Ausbreitung von Wasserwellen beim Austritt aus einer Öffnung, in zum Beispiel einer Wand, befasst (Huygens). Beim Durchtritt der Öffnung entstehen kleine Elementarwelle, die sich in alle Richtungen ausbreiten, sie gehen also sozusagen auch um die Ecken.

**Die Strahlenoptik** eignet sich gut in einem Medium wie die Luft, dabei geht man davon aus, dass sie sich im thermischen Gleichgewicht befindet, kurz die Temperatur einheitlich ist. Den Weg des Strahles können wir nur beobachten, weil das Licht die schwebenden Teilchen in der Luft beleuchtet. Diese Teilchen heben sich besonders gut vorm dunklen Hintergrund ab.

Mit dem Vorhandensein einer idealen punktförmigen, gradlinigen Lichtquelle sollten die vom Strahl getroffenen Gegenstände scharfe begrenzte Schattenbilder liefern, doch bei genaueren Untersuchungen mit einer Lupe oder Mikroskop zeigt sich, dass das Schattenbild nicht scharf begrenzt ist sondern besteht aus dunklen und hellen Streifen. Wir haben es mit Beugungserscheinungen zu tun wie durch Huygens beschrieben. Damit haben wir einen Beweis für die Wellennatur des Lichtes.

**Das Licht** ist eine elektromagnetische Welle von unterschiedlichen Wellenlängen und Frequenzen, es muss somit die Wellengleichung erfüllen. Im Vakuum bereitet es sich mit der Lichtgeschwindigkeit aus. In Materie ist die Ausbreitungsgeschwindigkeit von der Wellenlänge abhängig. Bevor wir den

Wellencharakter ausblenden, überprüfen wir dass die elektromagnetische Welle, die Wellengleichung erfüllt.

**Elektromagnetische Wellen**

Da wir es beim Licht mit elektromagnetischen Wellen zu tun haben, muss es auch die Wellengleichung erfüllen.

$$\boxed{\frac{\partial^2 f}{\partial t^2} = V^2 \frac{\partial^2 f}{\partial x^2}}$$

Wir wissen, dass sich elektromagnetische Wellen im Vakuum mit der Lichtgeschwindigkeit c ausbreiten. Versuchen wir den Beweis. Um diesen zu führen, betrachten wir zunächst die Orientierung des elektrischen und des magnetischen Feldes relativ zur Ausbreitungsrichtung einer **ebenen elektromagnetischen Welle**:

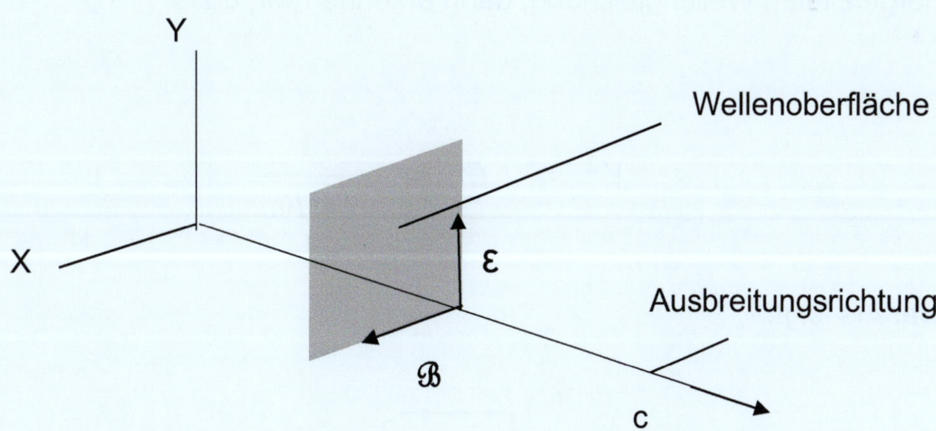


***Abb. 3.1*** *Es wird eine ebene elektromagnetische Welle im Vakuum gezeigt, mit der man zeigen kann, dass die Wellengleichung gilt.*

Das elektrische und magnetische Feld stehen immer senkrecht aufeinander, entsprechend der obigen Abbildung oben ist:

$$\varepsilon_x = 0, \qquad \varepsilon_y = \varepsilon, \qquad \varepsilon_z = 0$$

und

$$B_x = 0 \,, \qquad B_y = 0 \,, \qquad B_z = 1$$

Dies sind die Bedingungen, unter denen das elektrische und das magnetische Feld die Wellengleichung erfüllt:

$$\frac{d^2\varepsilon}{dt^2} = \frac{1}{\epsilon_0 . \mu_0} \frac{d^2\varepsilon}{dx^2}$$

$$\frac{d^2B}{dt^2} = \frac{1}{\epsilon_0 . \mu_0} \frac{d^2B}{dx^2}$$

Vergleichen wir die beiden Gleichungen mit der von uns im Übungsheft II hergeleiteten Wellengleichung, dann erkennen wir, dass

$$V^2 = C^2 = \frac{1}{\varepsilon_0 \ \mu_0}$$

Daraus folgt:

$$C = \sqrt{\frac{1}{\varepsilon_0 \ \mu_0}} = \frac{1}{\sqrt{\varepsilon_0 \ \mu_0}}$$

Es war Maxwell der aufgrund seiner Forschungen auf die Lichtgeschwindigkeit geschlossen hat. Wir werden im Übungsheft VI Maxwell-Gleichungen darauf zurückkommen.

$\epsilon_0$ **= ist die Dielektrizitätskonstante des Vakuums**. Die Konstante kann zum Beispiel durch die Berechnung der Kapazität $C_0$ eines Plattenkondensators (dieser stellt einen Energiespeicher dar und wird in einem späteren Übungsheft behandelt) ermittelt werden:

$$C_0 = \frac{\epsilon_0 S}{d}$$

S ist in der Gleichung die Fläche der Kondensatorplatte und d der Abstand zwischen den Platten. +Q und -Q Ladungen der Platten

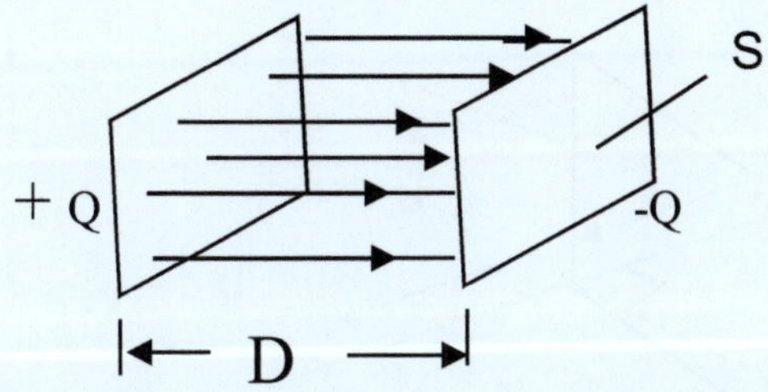


***Abb. 3.2.*** *Darstellung eines Plattenkondensators*

Das $\mu_0$ **in der Wellengleichung steht für die Permeabilität des Vakuums** oder magnetische Feldkonstante, wird magnetische Induktion genannt und bezeichnet die Durchlässigkeit von Materie für magnetische Felder oder anders ausgedrückt ist sie das Verhältnis der magnetischen Flussdichte B zur magnetischen Feldstärke H (diese hängt von den Eigenschaften des Materials ab, auf das die magnetische wirkt (wird in einem späteren Übungsheft behandelt).

### Reflexion, Brechung und Polarisation

Bevor wir uns mit der geometrischen Optik befassen, ist es wichtig, sich zuvor mit der **Reflexion, Brechung sowie der Polarisation** zu befassen. Zunächst aber noch einmal kurz zurück zum Modul II und der Wellenausbreitung. Dort haben wir uns mit eindimensionalen Wellen befasst, um sich aber einen Zugang zu den Themen wie Brechung und Reflexionen zu verschaffen, ist es wichtig, sich kurz mit Wellen in zwei und drei Dimensionen zu befassen.

Betrachten wir hierzu nochmal die Wellenbewegung:

$$\xi = f(x - Vt)$$

Diese Wellenbewegung, die sich längst der X-Achse fortpflanzt, bedeutet nicht, dass sie sich auf die X-Achse konzentriert. Wir wissen, dass sich eine physikalische Störung, die durch $\xi$ beschrieben wird und sich über den ganzen Raum erstreckt, für diese Störung die Funktion $\xi = f(x - Vt)$ zu einer bestimmten Zeit t an allen Punkten mit gleichem X denselben Wert annimmt. X ist damit konstant und entspricht damit einer Ebene senkrecht zu X *(Abb.3.1):*

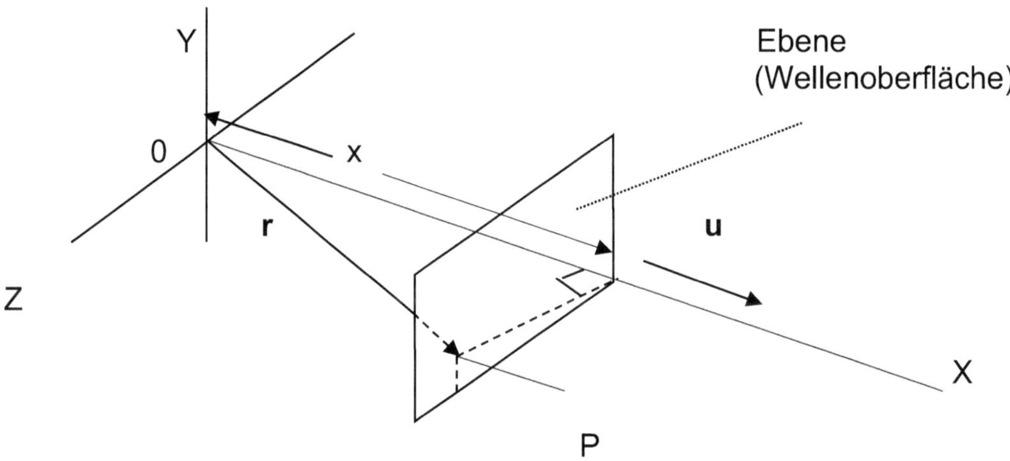


***Abb. 3.3*** *Die Fortpflanzungsrichtung der ebenen Welle wird hier durch den Einheitsvektor **u** dargestellt, der senkrecht zur Ebene der Welle dargestellt ist. Die Orientierung der Koordinaten ist dabei willkürlich.*

Betrachten man die Ausbreitung einer Welle *Abb. 3.3* in willkürlicher Richtung, also **u** in willkürlicher Richtung zeigt und r der Ortsvektor an jedem beliebigen Punkt P der Wellenfront ist, dann gilt:

$x = u \cdot r$ und wir können schreiben:

$$\xi = f(u \cdot r - Vt)$$

Die Größe $u \cdot r$ bleibt der Abstand der Ebene vom Ursprung, somit beschreibt die obige Gleichung eine ebene Welle, die sich in Richtung u fortpflanzt. Im Fall der von uns betrachteten harmonischen bzw. sinusförmigen Welle, die sich in Richtung u fortpflanzt, können wir schreiben:

$$\xi = f_0 \sin k(u \cdot r - Vt)$$

Damit haben wir die ebenen Wellen definiert und befassen uns jetzt zunächst mit der **Reflexion und Brechung.**

Die Fortpflanzungsgeschwindigkeit der Wellen hängt immer von den physikalischen Eigenschaften des Mediums ab, durch das sich die Wellen ausbreiten. So waren dies im Falle des Stabs, das Elastizitätsmodul und die Dichte des Mediums. Nehmen wir elektromagnetischen Wellen, so ist es hier die Dielektrizitätskonstante und die Permeabililtät der Substanz, von der die Ausbreitungsgeschwindigkeit abhängt. Genau diese Abhängigkeit von den Eigenschaften des Mediums führt zu den Phänomenen der Reflexion und Brechung, die auftreten, wenn die Welle durch eine Oberfläche tritt, die zwei Medien trennt.

So sprechen wir von einer Reflexion, wenn die Welle zurückgeworfen wird und sich so wieder als neue Welle zurück durch das Medium bewegt, durch das sich die Welle bis zum Auftreffen auf das andere Medium bewegt hat. Die gebrochene Welle ist diejenige, die auf das zweite Medium übertragen wurde. Die ursprüngliche Energie der einfallenden Welle verteilt sich auf die reflektierte und die gebrochene Welle. In zahlreichen Fällen ist die Energieverteilung auf die reflektierte Welle höher als auf die gebrochene. Bevor wir jetzt die Reflektion und Brechen behandeln, betrachten wir noch die **Ausbreitung der Welle durch ein Medium,** hierbei hilft uns der Malussche Satz.

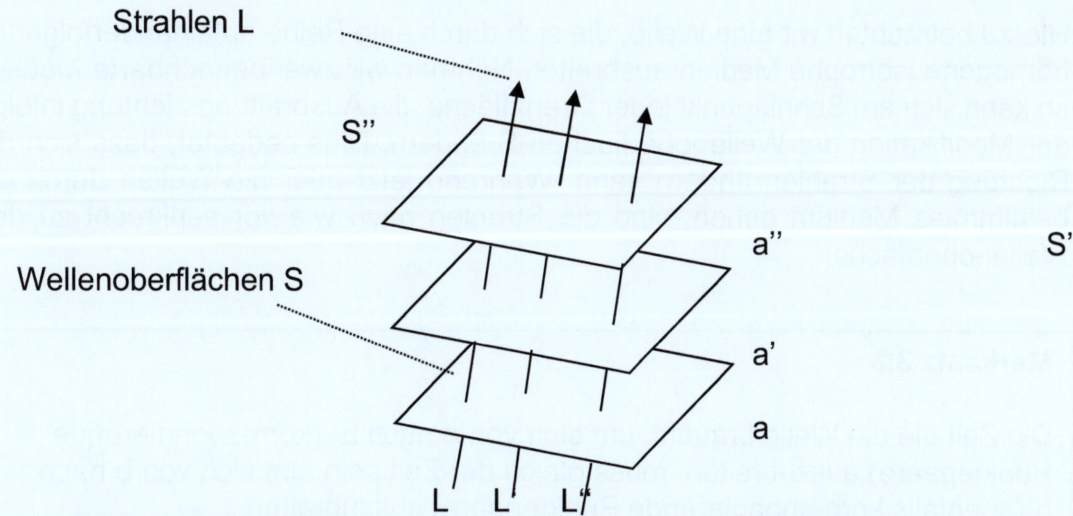


***Abb. 3.4:*** *In der Abbildung entsprechen die angegebenen Strahlen L, L', L'', ... den Ausbreitungslinien der Energie und des Impulses. Die Punkte wie a, a', a'', ..., an den verschiedenen Wellenoberflächen, die durch einen besten Strahl (wie z.B. L) verbunden sind, werden korrespondierende Punkte genannt.*

Betrachten wir als nächstes die Zeit die die Oberfläche von S zu S´ benötigt, so muss diese für alle Abstände aa“, a“a, a“a“‘ usw. gleich sein, ganz gleichgültig längst welchem Strahl diese gemessen werden.

**Merksatz 3.1**

Der zeitliche Abstand ist für alle korrespondierenden Punkte zweier Wellenebenen gleich.

Eine weitere wichtige Tatsache ist, dass die Strahlen in einem homogenen isotropen Medium aus Symmetriegründen grade sein müssen, das bedeutet, dass im allgemeinen Fall, eine Familie von Wellenoberflächen einen gemeinsamen Satz von Normalen haben.

Damit kommen wir zum nächsten Merksatz

**Merksatz 3.2**

Die Orthogonalitätsbeziehung zwischen Strahlen und Wellenoberflächen bleibt bei der Wellenausbreitung erhalten.

Hierzu betrachten wir eine Welle, die sich durch eine Reihe aufeinanderfolgende homogene isotrophe Medien ausbreitet. Nehmen wir zwei benachbarte Medien, so kann sich am Schnittpunkt jeder Grenzfläche, die Ausbreitungsrichtung infolge der Modifikation der Wellenoberflächen S ändern. Dies bedeutet, dass sich die Richtung der Strahlen ändern kann. Während jetzt aber die Wellen durch ein bestimmtes Medium gehen, sind die Strahlen nach wie vor senkrecht zu den Wellenoberflächen.

**Merksatz 3.3**

Die Zeit die die Welle braucht, um sich von a nach a´ (korrespondierende Punktepaare) auszubreiten, muss gleich der Zeit sein, um sich von b nach b´(ebenfalls korrespondierende Punktepaare) auszubreiten.

Lassen wir zum besseren Verständnis eine Welle durch verschiedene Medien laufen

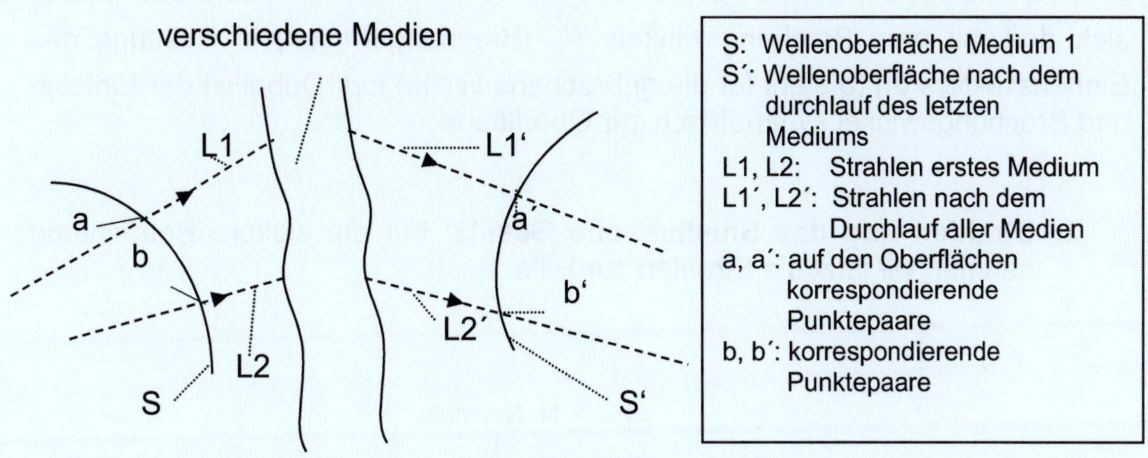


***Abb. 3.5**: Wellen durchlaufen verschiedene Medien*

Mit dem Wissen dieser drei Merksätze kommen wir jetzt zur Brechung und Reflexion.

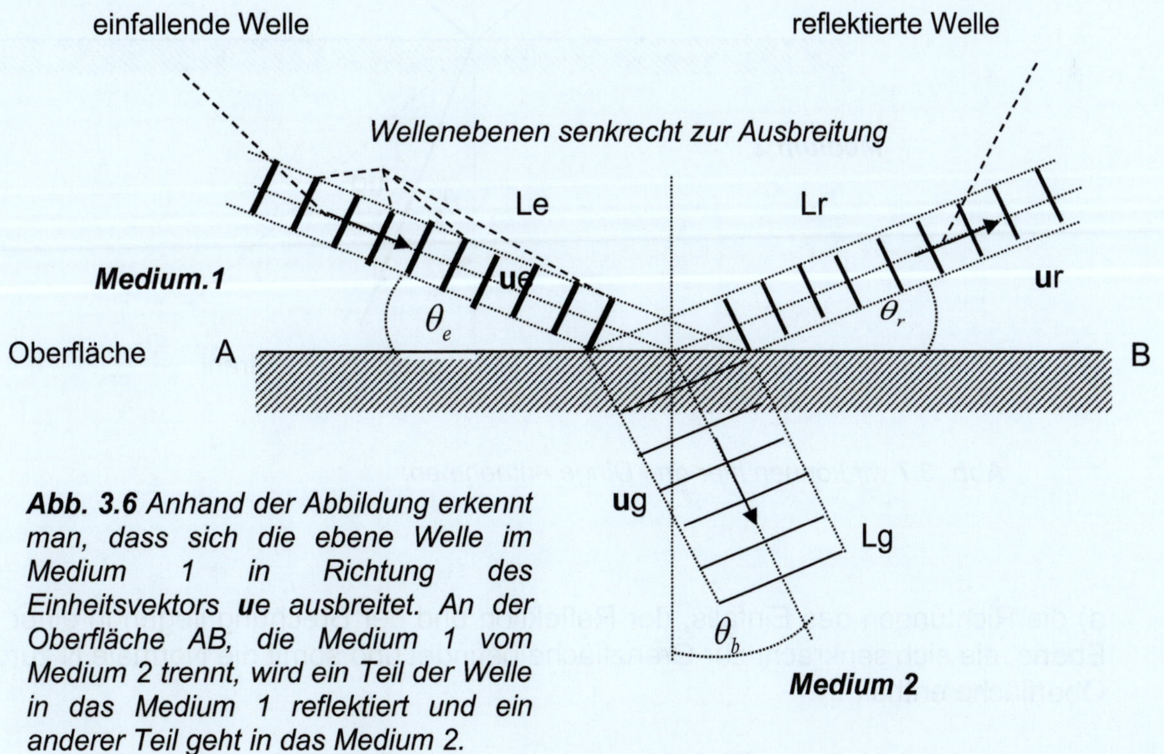


***Abb. 3.6** Anhand der Abbildung erkennt man, dass sich die ebene Welle im Medium 1 in Richtung des Einheitsvektors **u**e ausbreitet. An der Oberfläche AB, die Medium 1 vom Medium 2 trennt, wird ein Teil der Welle in das Medium 1 reflektiert und ein anderer Teil geht in das Medium 2.*

Wir setzen jetzt einen schrägen Einfallswinkel voraus, dann trifft die in Richtung des Einheitsvektors **ue** (e steht für die einlaufende Welle) laufende Welle im Winkel $\theta_e$ (Einfallswinkel) auf den Übergang, dabei wird ein Teil im Winkel $\theta_r$ (Reflektionswinkel) reflektiert und breitet sich in Richtung des Einheitsvektors **ur** aus, ein anderer Teil geht als gebrochen Welle in das Medium 2 über und pflanzt sich dort mit dem Brechungswinkels $\theta_b$ (Brechungswinkel) in Richtung des Einheitsvektors **ug** (g steht für die gebrochene Welle) fort. Dabei ist der Einfalls- und Brechungswinkel symmetrisch zur Oberfläche.

2. **Strahlen und das Snelliussche Gesetz**: Für die weitere Betrachtung nehmen wir jetzt die Strahlen zur Hilfe

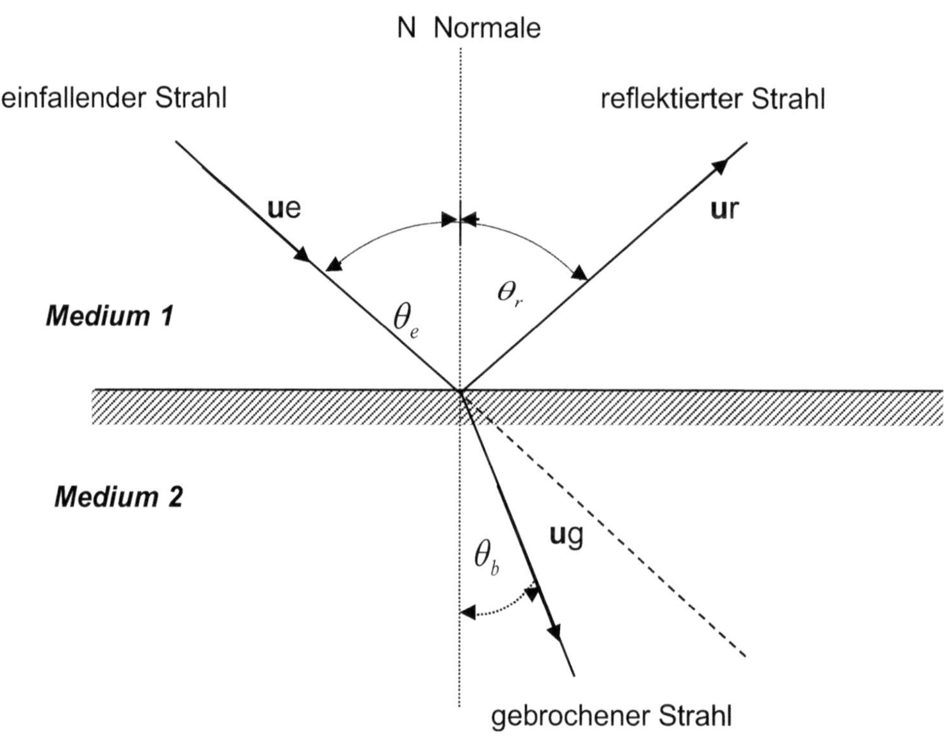


***Abb. 3.7** wir können hier drei Dinge entnehmen:*

a) die Richtungen des Einfalls, der Reflektion und der Brechung liegen in einer Ebene, die sich senkrecht zur Grenzfläche befindet und somit die Normale N zur Oberfläche enthält

b) wir erkennen, dass der Einfallswinkel gleich dem Reflexionswinkel ist:

$$\theta_e = \theta_r$$

c) das Verhältnis zwischen dem Sinus des Einfallswinkels und des Brechungswinkels ist konstant:

$$\frac{\sin\theta_e}{\sin\theta_b} = \frac{n_2}{n_1} = n_{21}$$

Die hier hergestellte Beziehung ist bekannt als das **Snelliusche Gesetz** und die Konstante $n_{21}$ ist der Brechungsindex des Medium 2 relativ zum Medium 1. Der numerische Wert der Konstante selbst hängt von der Natur der Welle und den Eigenschaften der beiden Medien ab. Das Gesetz gilt unabhängig von der Beschaffenheit der Wellenoberflächen oder die Oberflächen der Medien. Ansatz ist, dass es für jeden Punkt einen begrenzten Bereich gibt, für den die Oberfläche als eben angesehen werden kann und sich die Strahlen entsprechend b) und c) verhalten.

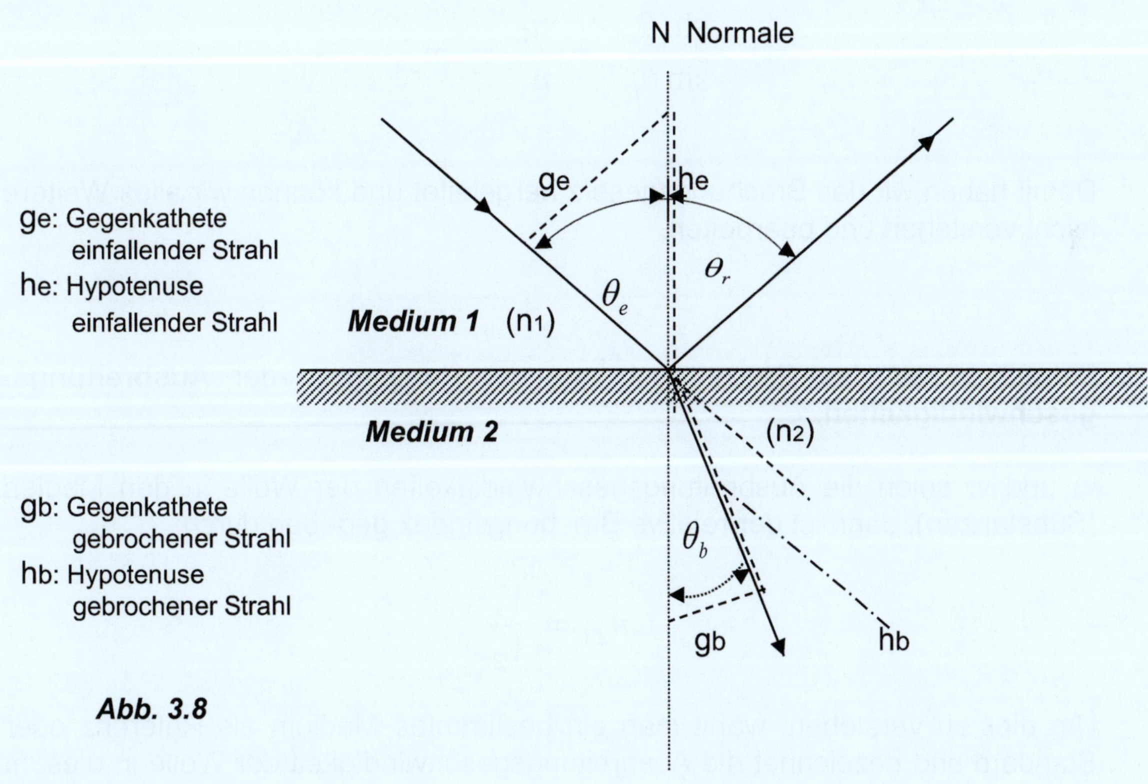


*Abb. 3.8*

Mit Hilfe der *Abbildungen 3.1 und 3.3* in denen die Lage der Wellenoberfläche dargestellt ist und der Beschreibung der Wellenoberfläche wissen wir, dass die

Oberfläche im 90° Winkel zum Strahl steht und somit der damit Sinus *(Abb. 3.6)* festgelegt ist.

Einfallender Strahl e, Medium 1 und Index $n_1$ :

$$n_1 \sin\theta_e = \frac{g_e}{h_e}$$

Reflektierter Strahl r, Medium 2 und Index

$$n_2 \sin\theta_g = \frac{g_b}{h_b}$$

Mit c) oben erhalten wir also:

$$\frac{\sin\theta_e}{\sin\theta_b} = \frac{n_2}{n_1} = n_{21}$$

Damit haben wir das Brechungsgesetz hergeleitet und können wir alles Weitere leicht verstehen und bearbeiten.

Betrachten wir das Ganze noch aus der Perspektive der **Ausbreitungs-geschwindigkeiten**:

$v_1$ und $v_2$ seien die Ausbreitungsgeschwindigkeiten der Welle in den Medien (Substanzen), dann ist der relative Brechungsindex gegeben durch:

$$n_{21} = \frac{V_1}{V_2}$$

Um dies zu verstehen, wählt man ein bestimmtes Medium als Referenz oder Standard und bezeichnet die Ausbreitungsgeschwindigkeit der Welle in diesem Medium dann mit c. Der absolute Brechungsindex jeden anderen Mediums ist dann definiert durch:

$$n = \frac{c}{V}$$

Als Bezugsmedium für elektromagnetische Wellen soll das Vakuum dienen, daher ist die Geschwindigkeit 300 000 000m/s oder 300000 km/s. Der genaue Wert beträgt 288792,458km/s, wobei es reicht, hier den groben Wert zu wissen.

Kehren wir jetzt wieder zu zwei Substanzen zurück, dann haben wir:

$$\frac{n_2}{n_1} = \frac{c}{V_2} \cdot \frac{V_1}{c} = \frac{V_1}{V_2} = n_{21}$$

Damit ist der relative Brechungsindex zweier Substanzen gleich dem Verhältnis ihrer absoluten Brechungsindices. Das Snelliusche Gesetz lässt sich auch in der symmetrischen Form schreiben:

$$n_1 \sin\theta_e \;=\; n_2 \sin\theta_b$$

womit wir wieder die Gesetze für die Reflexion und Brechung haben.

**Strahl durch eine parallele Platte**

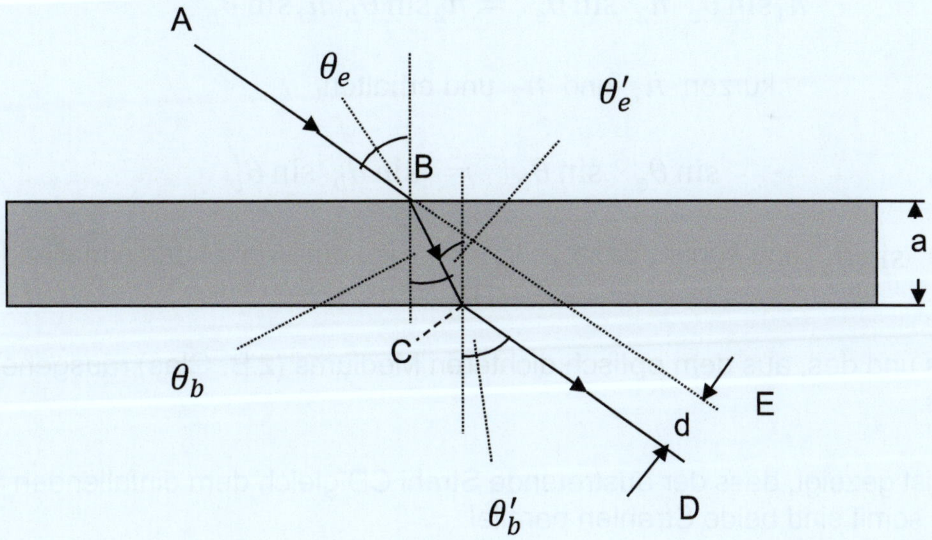


***Abb. 3.9a*** *Ausbreitung eines Strahls durch eine parallele Platte*

**Nachweis, dass die Winkel $\theta_e$ und $\theta_b'$ in *Abb. 3.9a* gleich sind.**
**Gegeben:**

die Plattendicke a

Einfallsstrahl AB mit dem Einfallswinkel $\theta_e$

gebrochener Strahl BC mit dem Brechungswinkel $\theta_b$

somit erhält man für den Punkt B:

$$n_1 \sin\theta_e = n_2 \sin\theta_b$$

und für den Punkt C:

$$n_2 \sin\theta'_e = n_1 \sin\theta'_b$$

aus der Abbildung ergibt sich:

$$\theta_b = \theta'_e$$

multiplizieren wir die beiden Gleichungen miteinander, erhält man:

$$n_1 \sin\theta_e \; n_2 \sin\theta'_e = n_2 \sin\theta_b \; n_1 \sin\theta'_b$$

kürzen $n_1$ und $n_2$ und erhalten

$$\sin\theta_e \; \sin\theta_b = \sin\theta_b \; \sin\theta'_b$$

kürzen $\sin\theta_b$ und sehen, dass $\theta_e = \theta'_b$ ist, der Winkel des einfallenden Strahls und des, aus dem optisch dichteren Mediums (z.B. Glas) rausgehenden Strahls.

Damit ist gezeigt, dass der austretende Strahl CD gleich dem einfallenden Strahl AB ist, somit sind beide Strahlen parallel.

Somit haben wir den Nachweis, dass die Winkel (oben) gleich sind, können wir den **Abstand zwischen beiden Strahlen CD und AB** ermitteln.

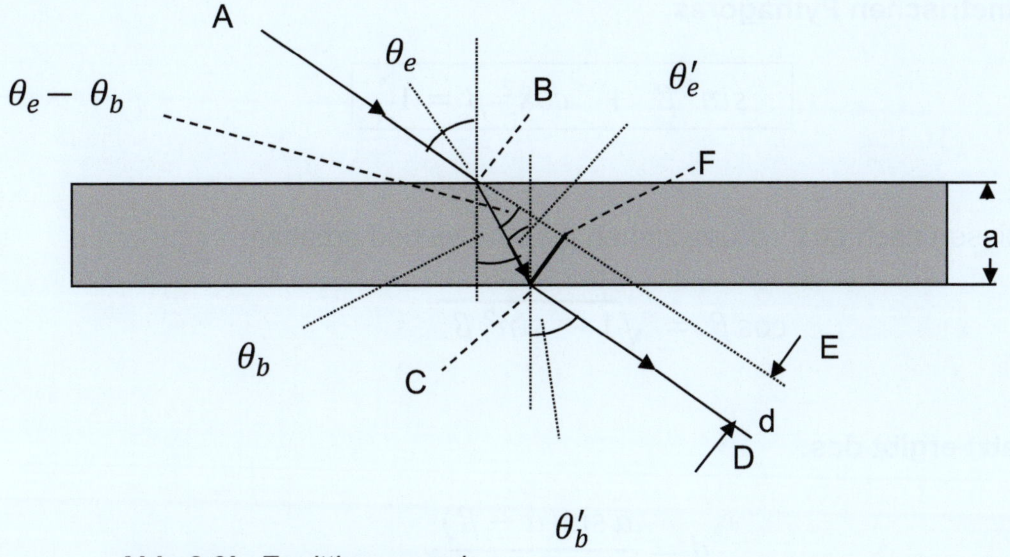


***Abb. 3.9b** Ermittlung von d*

Der Abstand d gleich CF bzw. DF ergibt sich aus:

$$\sin(\theta_e - \theta_b) = \frac{d}{BC}$$

für BC erhalten wir

$$BC = \frac{a}{\cos\theta_b}$$

setzen dies ein und erhalten:

$$\sin(\theta_e - \theta_b) = \frac{d\cos\theta_b}{a}$$

***Da in der Fachliteratur für den Einfallswinkel oft alpha und für den Brechungswinkel beta gewählt wird, tauschen wird diese für die hier gewählten aus, erhalten wir:***

$$\sin(\alpha - \beta) = \frac{d\cos\beta}{a} \quad umgestellt\ nach\ d = \frac{a\sin(\alpha - \beta)}{\cos\beta}$$

**Jetzt müssen wir** $\cos\beta$ **bestimmen und wählen hierzu den**

**trigonometrischen Pythagoras:**

$$\boxed{sin^2\,\beta \ + \ cos^2\,\beta = 1}$$

stellen diesen nach $cos^2\,\beta$ um, ziehen die Wurzel und erhalten:

$$\cos\beta \ = \sqrt{1 - \ sin^2\,\beta}$$

**Eingesetzt ergibt das:**

$$d = \frac{a\sin(\alpha - \beta)}{\sqrt{1 - \ sin^2\beta}}$$

**Jetzt passen wir das Brechungsgesetz:**

$$\frac{\sin\theta_e}{\sin\theta_b} \ = \frac{n_2}{n_1} \ = n_{21}$$

**an unsere Anforderungen an und schreiben mit alpha und beta jetzt:**

$$\frac{\sin\alpha}{\sin\beta} \ = \frac{n_2}{n_1} = n_{21}$$

**Da $n_1$ für da Medium Luft gleich 1 ist, schreiben wir für $n_2$ einfach**

$n$ **und unsere Gleichung ist jetzt:**

$$\frac{\sin\alpha}{\sin\beta} \ = \ n$$

**bzw.**

$$\sin\beta = \frac{\sin\alpha}{n}$$

**Quadrieren die Gleichung und setzten es in die Abstandsgleichung ein:**

$$d = \frac{a \sin(\alpha - \beta)}{\sqrt{1 - \frac{sin^2\alpha}{n^2}}}$$

**Wir sehen, dass im Zähler ein Additionstheorem vorkommt und schreiben unsere Gleichung um:**

$$d = \frac{a \sin\alpha \cos\beta - a \sin\beta \cos\alpha}{\sqrt{1 - \frac{sin^2\alpha}{n^2}}}$$

**und ersetzen im Zähler**

$\sin\beta$ **durch** $\frac{\sin\alpha}{n}$ **und erhalten:**

$$d = \frac{a \sin\alpha \cos\beta - a \frac{\sin\alpha}{n} \cos\alpha}{\sqrt{1 - \frac{sin^2\alpha}{n^2}}}$$

$$d = \frac{\mathrm{a} \sin\alpha \cos\beta}{\sqrt{1 - \frac{sin^2\alpha}{n^2}}} - \frac{a \frac{\sin\alpha}{n} \cos\alpha}{\sqrt{1 - \frac{sin^2\alpha}{n^2}}}$$

Jetzt ziehen wir aus der Wurzel im zweiten Term den Index n raus:

$$d = \frac{\mathrm{a} \sin\alpha \cos\beta}{\sqrt{1 - \frac{sin^2\alpha}{n^2}}} - \frac{a \sin\alpha \ \cos\alpha}{\sqrt{n^2 - sin^2\alpha}}$$

**und formen den ersten Term entsprechend dem Brechungsgesetz um in**

$$\frac{\mathrm{a} \sin \alpha \cos \beta}{\sqrt{1 - sin^2\beta}}$$

**Was nach dem** trigonometrischen Pythagoras

$$sin^2 \beta \ + \ cos^2 \beta = 1$$

**ergibt und somit für**

$$\boxed{cos \beta \ = \sqrt{1 - sin^2 \beta}}$$

**Setzen wir das in die obige Gleichung für d ein, erhalten wir**

$$d = \frac{\mathrm{a} \sin \alpha \cos \beta}{\sqrt{1 - \frac{sin^2\alpha}{n^2}}} - \frac{a \sin \alpha \ \cos \alpha}{\sqrt{1 - sin\,^2\alpha}}$$

**Und können** $cos \beta$ **gegen** $\sqrt{1 - sin^2 \beta}$ **kürzen und erhalten so für den Abstand der Parallelen Platten:**

$$d = \mathrm{a} \sin \alpha - \frac{a \ \sin \alpha \cos \alpha}{\sqrt{n^2 - sin^2\alpha}}$$

### 3. Reflexion und Brechung sphärischer Wellen (Exkurs)

Hierzu betrachtet man sphärischer Wellen die von einer Punktquelle kommen und auf eine ebene Oberfläche treffen. Es entstehen neue Gruppen von Wellen: reflektierte, gebrochene oder durchgehende. Die Verfolgung dieser Wellen stellt sich allerdings etwas schwieriger dar, denn um die Gestalt der reflektierten und gebrochenen Wellen zu verfolgen, müssten zahlreiche reflektierte und gebrochene Wellen gezeichnet werden. Grundsätzlich aber sind die korrespondierenden reflektierten und gebrochenen Wellenoberflächen senkrecht zu den Strahlen, dabei gelten die bereits hergeleiteten Gesetze. Allgemein lässt sich sagen:
Wenn sphärische Wellen auf eine ebene Oberfläche treffen, dann sind die reflektierten Wellen sphärisch und symmetrisch bezogen auf die einfallenden Wellen. Für die gebrochenen Wellen gilt aber, dass sie nicht sphärisch sind.

Im Falle der Reflektion ist dies verständlich, da die Geschwindigkeit der einfallenden Welle gleich groß ist wie die reflektierte.

Bei der gebrochenen Wellen sieht dies ganz anders aus, hier schneidet der Strahl der gebrochene Welle, wenn man ihn wieder rückwärtig verlängert, die Normale nicht im Punkt der Punktquelle.

Haben jetzt das elektrische und magnetische Feld den gleichen Betrag, rotieren aber zur Ausbreitungsrichtung, so führt dies zu einer **Zirkulation** und haben wir es mit einer zirkularpolarisierten Welle zu tun. Auch hier sind es die Maxwellschen Gleichungen, die uns zu der Lösung verhelfen.

Wie aber können wir diese zirkularpolarisierte Welle darstellen?

Eine Lösung wäre die Kombination von zwei linearpolarisierten Wellen, die über die gleichen Amplituden verfügen aber einen Phasenunterschied von $\pi/2$ aufweisen. Sind jetzt die Amplituden, der beiden rechtwinkligen Komponenten jedes Feldes verschieden, so hätten wir eine elliptische Polarisation. Darüber hinaus gib es noch weitere Polarisierungsmöglichkeiten.

**Merksatz 3.1**

Ebene elektromagnetische Wellen sind transversal, dabei stehen das elektrische Feld und das magnetische Feld senkrecht zueinander und senkrecht zur Ausbreitungsrichtung der Wellen.

Wir wollen jetzt verstehen, wie man polarisiertes Licht erzeugt und beobachten diesen Vorgang anhand der Polarisation durch Reflexion.

Lassen wir unseren Lichtstrahl auf ein isolierendes Medium treffen, dann wird dieser zum Teil hineingebrochen und zum anderen Teil reflektiert. Dabei kann man beobachten, dass die Intensität des reflektierten Strahls von der Polarisierungsrichtung und dem Einfallswinkel abhängt. Die exakte Beschreibung ist durch die Fresnel´schen Formeln mit der Reflexion und Brechung möglich, worauf wir hier verzichten. Definieren wir die Einfallsebene des Strahls, als die Ebene, die durch die Ausbreitungsrichtung und dem Lot auf die reflektierende Fläche gebildet wird. Wir stellen fest, dass unter einem bestimmten Einfallswinkel linear polarisiertes Licht nicht reflektiert wird. Diesen Winkel nennt man Brewsterwinkel. Der reflektierte Strahl des unpolarisierten Lichtes hingegen ist genau unter diesem Reflexionswinkel vollständig senkrecht zur Einfallsebene linear polarisiert. Um in etwa zu verstehen was passiert, nehmen wir jetzt einen parallel zur Einfallsebene schwingenden Lichtstrahl, so regt dieser im Medium die Atome zum Schwingen an. Es entstehen dadurch atomare Dipole, die in Polarisationsrichtung schwingen, weshalb so genannte Sekundarwellen ausstrahlen. Steht der gebrochene Strahl aber senkrecht auf dem reflektierten, sehen wir keine Reflektion, da die atomaren Dipole keine Strahlung parallel zu ihrer Schwingungsachse aussenden.

## 4. Geometrische Optik

Für die weitere Betrachtung ist der Begriff des Stahls aus der Physik als Hilfsmittel zur Beschreibung von Vorgängen, die an diskontinuierlichen Grenzflächen auftreten, wichtig. Daneben wird die Annahme gemacht, dass bei diesen Vorgängen nur die Reflexion und Brechung auftreten. Auch Änderungen an der Wellenoberfläche treten nicht auf. Damit sind wir bei der geometrischen Optik.

### Sphärische Oberflächen

Unter einer sphärischen Oberfläche versteht man einen Teil einer Kugelfläche, dabei ist das Innenteil verspiegelt. Je nachdem von welcher Seite der Strahl einfällt, spricht man von einem konkaven oder konvexen Spiegel.
Diese geometrische Behandlung funktioniert solange die Oberflächen und Diskontinuitäten auf die die Welle bei der Ausbreitung trifft, groß sind im Vergleich zur Wellenlänge sind. Sind diese Voraussetzungen erfüllt, gilt dies auch für Lichtwellen, Ultraschall, Erdbebenwellen usw..

### Reflexion an einer sphärischen Oberfläche

in der unteren Abbildung, da wir in die Wölbung hineinblicken, haben wir es mit einem konkaven Spiegel zu tun.

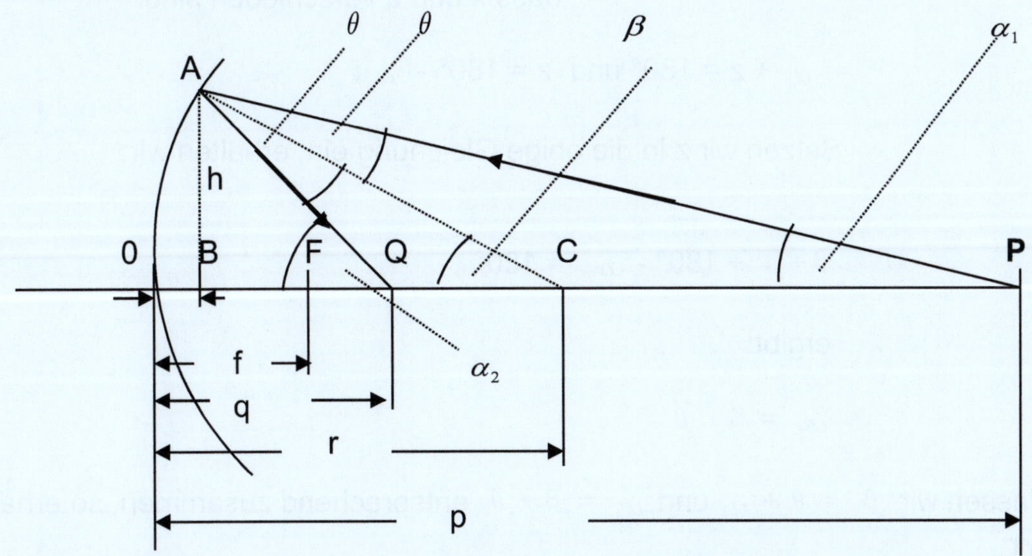


***Abb. 3.10*** *Der Punkt* ***P*** *sei die Quelle sphärischer Wellen. Der Strahl PA wird dann, als Strahl AQ reflektiert und schneidet die Hauptachse OP in Q. OP ist gleich p und OQ gleich q, OC gleich r. Geht P ins Unendliche, was bedeutet, dass PA dann parallel zu OQ ist, dann geht der an A reflektierte Strahl durch F, den Brennpunkt. Der Abstand OF vom Spiegel wird dann als Brennweite f bezeichnet.*

### Descartessche Formel für die Reflexion

Leiten wir jetzt mit Hilfe der Abbildung die **Descartessche Formel für** die **Reflexion** her. Wir sehen, dass der Strahl PA als AQ reflektiert wird und der Einfalls- und Ausfallswinkel (beide $\theta$) gleich sind. Hieraus erhalten wir:

$$\beta = \theta + \alpha_1$$

Dies lässt sich leicht herleiten, wenn wir uns daran erinnern, dass die Summe aller Winkel in einem Dreieck 180° sind. Für das Dreieck PAC sind die Winkel $\alpha_1$ und $\theta$ bekannt, es fehlt der dritte Winkel.
Es gilt: $\alpha_1 + \theta + x = 180°$, damit ist
$X = 180° - \alpha_1 - \theta$ und wir sehen, dass $\beta + X = 180°$ sind. Setzen wir jetzt beide Gleichungen gleich:

$$\alpha_1 + \theta + x = \beta + x$$ erhalten wir: $$\beta = \alpha_1 + \theta$$

Nehmen wir uns das zweite Dreieck AQC vor, dann achten wir wieder darauf, dass die Summe 180° beträgt:

$\beta + \theta + z = 180°$ und erkennen leicht,
dass x und z verschieden sind.

$\alpha_2 + z = 180°$ und $z = 180° - \alpha_2$.

Setzen wir z in die obige Gleichung ein, erhalten wir:

$$\beta + \theta + 180° - \alpha_2 = 180°$$

ergibt:

$$\alpha_2 = \beta + \theta$$

Fassen wir $\beta = \theta + \alpha_1$ und $\alpha_2 = \beta + \theta$ entsprechend zusammen, so erhalten wir:

$$\alpha_1 + \alpha_2 = 2\beta$$

Treffen wir die Annahme, dass die Winkel $\alpha_1$, $\alpha_2$ und $\beta$ sehr klein sind, kann man in Näherung schreiben:

$$\alpha_1 \approx \tan\alpha_1 = \frac{\mathrm{AB}}{\mathrm{BP}} \approx \frac{\mathrm{h}}{\mathrm{p}}$$

$$\alpha_2 \approx \tan\alpha_2 = \frac{AB}{BQ} \approx \frac{h}{q}$$

$$\beta \approx \tan\beta = \frac{AB}{BC} \approx \frac{h}{r}$$

dies setzen wir in $\alpha_1 + \alpha_2 = 2\beta$ ein, kürzen h

und erhalten mit $\boxed{\frac{1}{p} + \frac{1}{q} = \frac{2}{r}}$

die ***Descartessche Formel für Reflexion*** an einer sphärischen Oberfläche.

Die Formel sagt nichts über den Punkt A aus, auf den der Strahl fällt, so dass für diese Näherung angenommen werden kann, dass sämtliche einfallenden Strahlen, die durch P gehen, nach der Reflexion an der Oberfläche durch Q gehen. Damit ist Q das Abbild des Gegenstandes P.
Man kann sich den Punkt A als kleine Fläche vorstellen, dann kann sie als eben betrachtet werden. Auf dieser Fläche lässt eine senkrechte Linie errichten, die Normale. Am Fuß der Normalen definieren wir den Einfallswinkel und für die Reflexion den Ausfallswinkel.

**Definition Brennpunkt und was es für die** Descartessche Formel bedeutet (siehe auch *Abbildung 3.12*):

Haben wir es mit einem einfallenden Strahl parallel zur Hauptachse zu tun, so ist dies gleichbedeutend mit P (einem Gegenstand) in sehr großer Entfernung vom Spiegel.

Für $p = \infty$ wird die Gleichung $\frac{1}{p} + \frac{1}{q} = \frac{2}{r}$ zu $\frac{1}{q} = \frac{2}{r}$.

In diesem Fall fällt das Bild auf den Punkt F im Abstand $q = \frac{r}{2}$. Der Punkt F wird als Brennpunkt bezeichnet und der Abstand vom Spiegel ist die Brennweite f:

mit $f = \frac{r}{2}$, wobei die Gleichung $\frac{1}{p}+\frac{1}{q}=\frac{2}{r}$ zu $\frac{1}{p}+\frac{1}{q}=\frac{1}{f}$ wird.

Ist $q = \infty$ dann ist p = f, dann werden alle durch den Brennpunkt F einfallenden Strahlen parallel zur Hauptachse reflektiert. Mit dem bis hierher Ermitteltem, lässt sich f experimentell bestimmen. Hierzu beobachtet man den Konvergenzpunkt der Strahlen, die parallel zur Hauptachse sind. Darüber hinaus sehen wir, das durch $\frac{1}{p}+\frac{1}{q}=\frac{1}{f}$ die Lage des Objektes, durch **p** und die Lage des Bildes durch **q** gegeben, mit der Brennweite **f** des Spiegels verbunden ist. Wegen der Vorzeichenwahl haben konkave Oberflächen einen positiven Radius, während die konvexen einen negativen Radius haben. Entsprechend resultiert daraus das Vorzeichen positiv für konkave und negativ für konvexe Brennweiten. Die Abbildungen 3.11 und 3.12 zeigen die Hauptstrahlen der konkaven und konvexen Oberfläche. Strahl 1 ist ein paralleler Strahl, 2 ein Brennstrahl und 3 ein zentraler Strahl (senkrecht zum Spiegel).

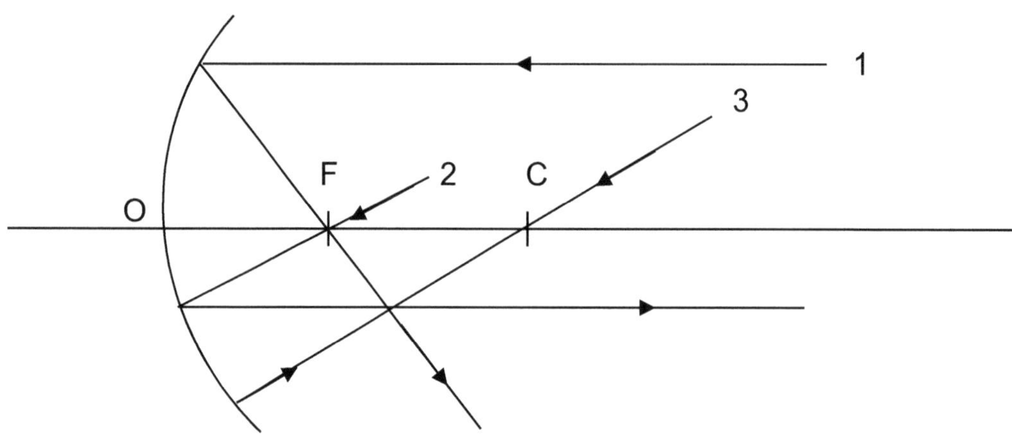


***Abb. 3.11*** *Hauptstrahlen an sphärischen Spiegel (konkav)*

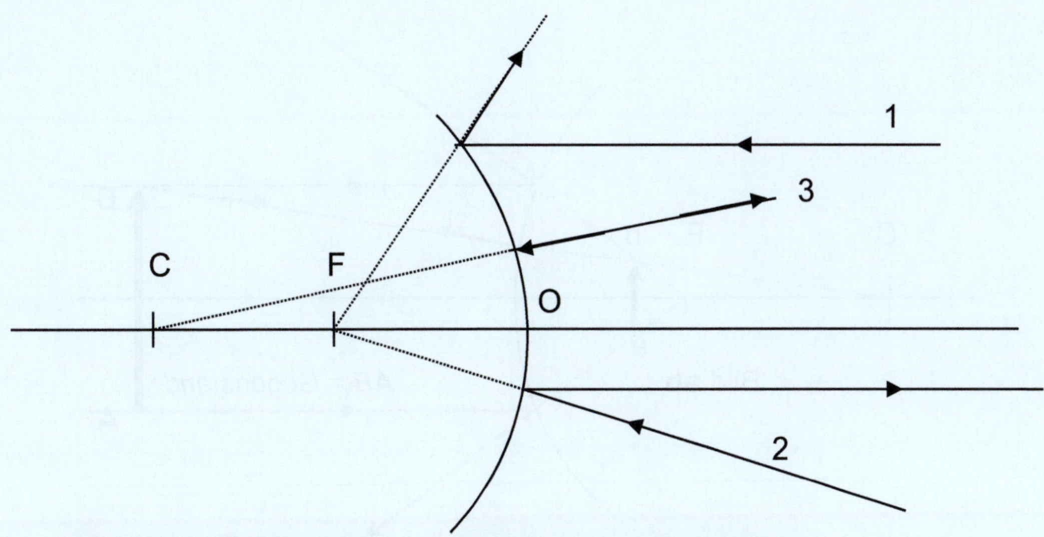


***Abb. 3.12*** *Hauptstrahlen an sphärischen Spiegel (konvex)*

**Bildkonstruktion**

Für die **Vergrößerung M** die durch einen sphärische Spiegel erzeugt wird, gilt:

**M = ab/AB = Bild / Bildgegenstand**

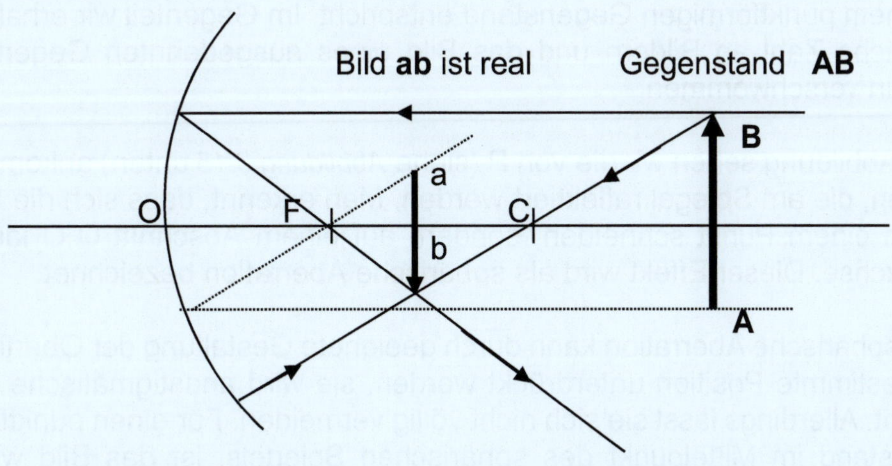


***Abb. 3.13 Bild*** *konkaver Spiegel,* ***AB*** *= Gegenstand*

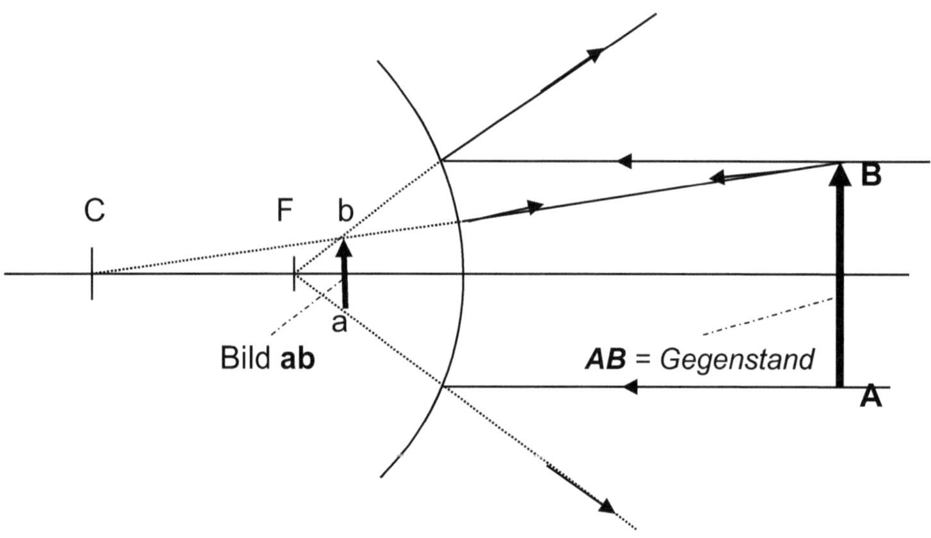


***Abb. 3.14 Bild ab virtuell*** *konvexer Spiegel,* ***AB*** *= Gegenstand (Strahlen schneiden sich nur scheinbar)*

**Sphärische Aberration** (Abbildungsfehler)

Ein spezielles Problem taucht auf, wenn der Öffnungswinkel des Spiegels groß ist, so dass er noch Strahlen mit großem Neigungswinkel aufnehmen kann, dann ist $\frac{1}{p}+\frac{1}{q}=\frac{1}{f}$ keine gute Näherung. Wir erhalten kein scharfes Punktbild mehr, das einem punktförmigen Gegenstand entspricht. Im Gegenteil wir erhalten eine unendliche Zahl an Bildern und das Bild eines ausgedehnten Gegenstandes erschein verschwommen.

In der Abbildung sehen wir die von P (siehe *Abbildung 3.15* unten) ankommenden Strahlen, die am Spiegel reflektiert werden. Man erkennt, dass sich die Strahlen nicht in einem Punkt schneiden, sondern auf einem Abschnitt Q´Q längst der Hauptachse. Dieser Effekt wird als sphärische Aberration bezeichnet.

Diese sphärische Aberration kann durch geeignete Gestaltung der Oberfläche für eine bestimmte Position unterdrückt werden, sie wird anastigmatische Position genannt. Allerdings lässt sie sich nicht völlig vermeiden. Für einen punktförmigen Gegenstand im Mittelpunkt des sphärischen Spiegels, ist das Bild wiederum genau ein Punkt im Mittelpunkt, wenn keine sphärische Aberration vorliegt und der Mittelpunkt ist somit eine anastigmatische Position.

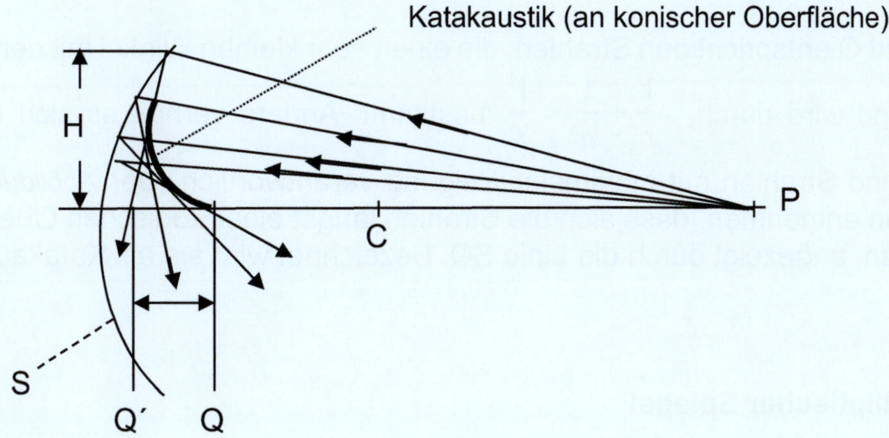


***Abb. 3.15 Sphärische Aberration** Der Begriff **Katakaustik** (Brennlinie bzw. Brennfläche) kommt aus dem Griechischen und steht für die beim Einfall von parallelem Licht auf einem Hohlspiegel S entstehende Brennfläche. Im Idealfall haben wir es mit einem Brennpunkt zu tun.*

Ist der Öffnungswinkel des Spiegels groß, so dass er noch Strahlen mit großem Neigungswinkel aufnehmen kann, dann ist $\frac{1}{p}+\frac{1}{q}=\frac{1}{f}$ keine gute Näherung. Wir erhalten kein scharfes Punktbild mehr, das einem punktförmigen Gegenstand entspricht. Im Gegenteil wir erhalten eine unendliche Zahl an Bildern und das Bild eines ausgedehnten Gegenstandes erschein verschwommen.

In der Abbildung sehen wir die von P ankommenden Strahlen, die am Spiegel reflektiert werden. Man erkennt, dass sich die Strahlen nicht in einem Punkt schneiden, sondern auf einem Abschnitt Q´Q längst der Hauptachse. Dieser Effekt wird als sphärische Aberration bezeichnet.

Diese sphärische Abberation kann durch geeignete Gestaltung der Oberfläche für eine bestimmte Position unterdrückt werden, sie wird anastigmatische Position genannt. Allerdings lässt sie sich nicht völlig vermeiden. Für einen punktförmigen Gegenstand im Mittelpunkt des sphärischen Spiegels, ist das Bild wiederum genau ein Punkt im Mittelpunkt, wenn keine sphärische Abberation vorliegt und der Mittelpunkt ist somit eine anastigmatische Position.

### Mittelpunkt eines sphärischen Spiegels

Der Punkt Q entspricht den Strahlen, die einen sehr kleinen Winkel mit der Achse bilden und wird durch $\frac{1}{p}+\frac{1}{q}=\frac{1}{f}$ bestimmt. Anders verhält es sich mit Q´, hierfür sind Strahlen mit maximaler Neigung verantwortlich. Der *Abbildung 3.15* kann man entnehmen, dass sich die Strahlen längst einer konischen Oberfläche schneiden, angezeigt durch die Linie SQ. Bezeichnet wird sie als Katakaustik.

### Elliptischer Spiegel

Zwei Arten von Spiegel sollen hier noch erwähnt werden, elliptische Spiegel und der Parabolspiegel:

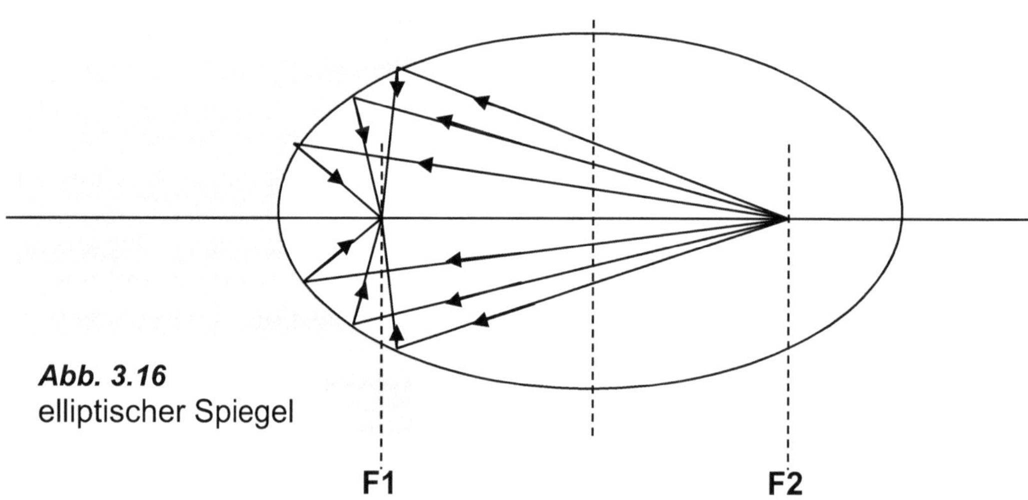


***Abb. 3.16***
elliptischer Spiegel

*Beim elliptischen Spiegel* ***Abb. 3.16*** *ist die Basis eine Ellipse. Sie verfügt über zwei Brennpunkte und hat die Eigenschaft, dass die Strahlen vom zweiten Brennpunkt F2 vom Spiegel in den ersten Brennpunkt F1 reflektiert werden. Der Elliptische Spiegel ist anastigmatisch (weist keinen Abbildungsfehler auf) für den Gegenstand in einem Brennpunkt und dessen Bild sich im anderen Brennpunkt befindet.*

## Parabolspiegel

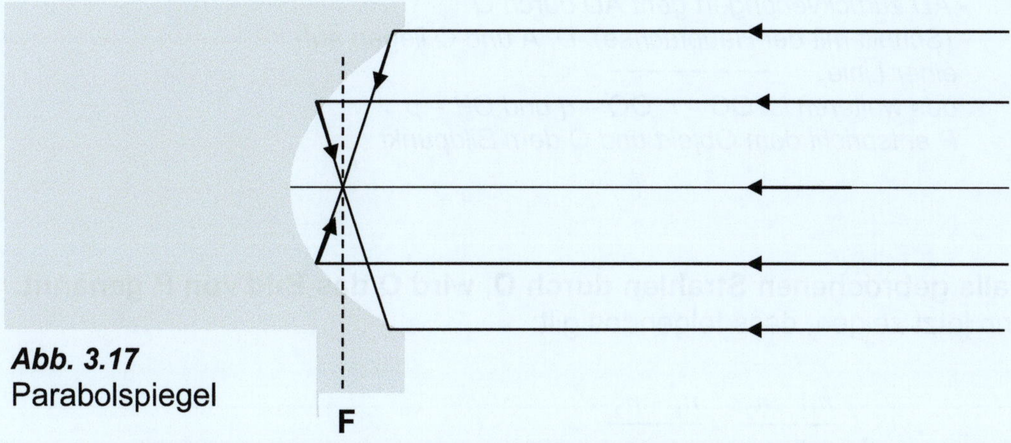


***Abb. 3.17***
Parabolspiegel

*In **Abb. 3.17** haben wir einen Parabolspiegel, in dem die parallel zur Hauptachse verlaufenden Strahlen vom Spiegel in den Brennpunkt F reflektiert werden. Somit erzeugt der Parabolspiegel keine Aberration. Kommen zum Beispiel in Satellitenschüsseln und Radioteleskope zum Einsatz.*

## Brechung an einer sphärischen Oberfläche.

Im Folgenden haben wir es mit zwei Medien zu tun, mit den absoluten Brechungsindizes $n_1$ und $n_2$.

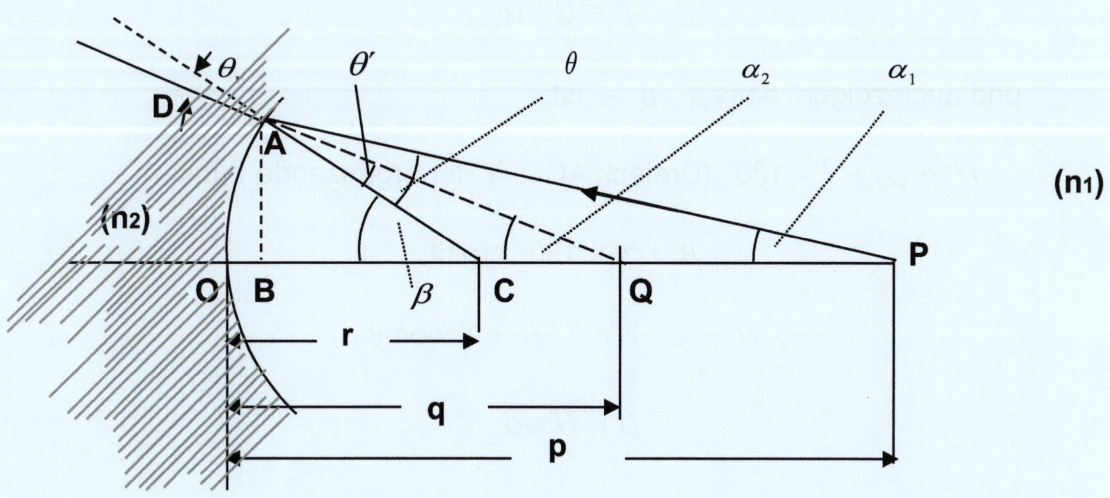


***Abb. 3.18***

***Gegeben:*** *- Brechungsindizes **n2** und **n1***
*- einfallender Strahl längst **PA** wird längst **AD** gebrochen*
*- AD zurückverlängert geht AD durch Q (Schnitt mit der Hauptachse), D, A und Q liegen auf einer Linie* --------
*des weiteren ist OC = r, OQ = q und OP = p*
*P entspricht dem Objekt und Q dem Bildpunkt*

**Gehen alle gebrochenen Strahlen durch Q, wird Q das Bild von P genannt.**
Man kann jetzt zeigen, dass folgendes gilt:

$$\frac{n_1}{p} - \frac{n_2}{q} = \frac{n_1 - n_2}{r}$$

Descartessche Formel für die Brechung an einer sphärischen Oberfläche.

Wir behaupten, dass entsprechend der *Abbildung 3.9* $\beta = \theta + \alpha_1$ ist.

**Beweis:**

Es ist $\theta$ + $\alpha_1$ + X = 180° (Dreieck AQP, X der ergänzende Winkel) und $\beta$ + X = 180° ergibt:

$\theta$ + $\alpha_1$ + X = $\beta$ + X also wie behauptet:

$$\beta = \theta + \alpha_1$$

und auch zeigen, dass $\beta = \theta' + \alpha_2$ ist.

$\theta'$ + $\alpha_2$ + Y = 180° (Dreieck ACQ, Y der ergänzende Winkel)

$\beta$ + Y = 180° ergibt:

$\theta'$ + $\alpha_2$ + Y = $\beta$ + Y womit

$$\beta = \theta' + \alpha_2$$

Das Snelliusssche Gesetz liefert uns $n_1 \sin\theta = n_2 \sin\theta'$. Wieder nehmen wir an, dass die Strahlen eine sehr geringe Neigung haben. Somit sind die Winkel $\theta$, $\theta'$

, $\alpha_1$, $\alpha_2$ und $\beta$ alle sehr klein und können schreiben: $\sin\theta \approx \theta$ sowie $\sin\theta' \approx \theta'$. Das Snelliusssche Gesetz wird somit zu $n_1\theta = n_2\theta'$ oder:

$$n_1(\beta - \alpha_1) = n_2(\beta - \alpha_2)$$

Der Abb. 3.18 entnehmen wir: $\alpha_1 \approx \frac{h}{p}$, $\alpha_2 \approx \frac{h}{q}$ und $\beta \approx \frac{h}{r}$ setzen wir dies in

$n_1(\beta - \alpha_1) = n_2(\beta - \alpha_2)$ ein,

und haben wie oben behauptet: $\frac{n_1}{p} - \frac{n_2}{q} = \frac{n_1 - n_2}{r}$.

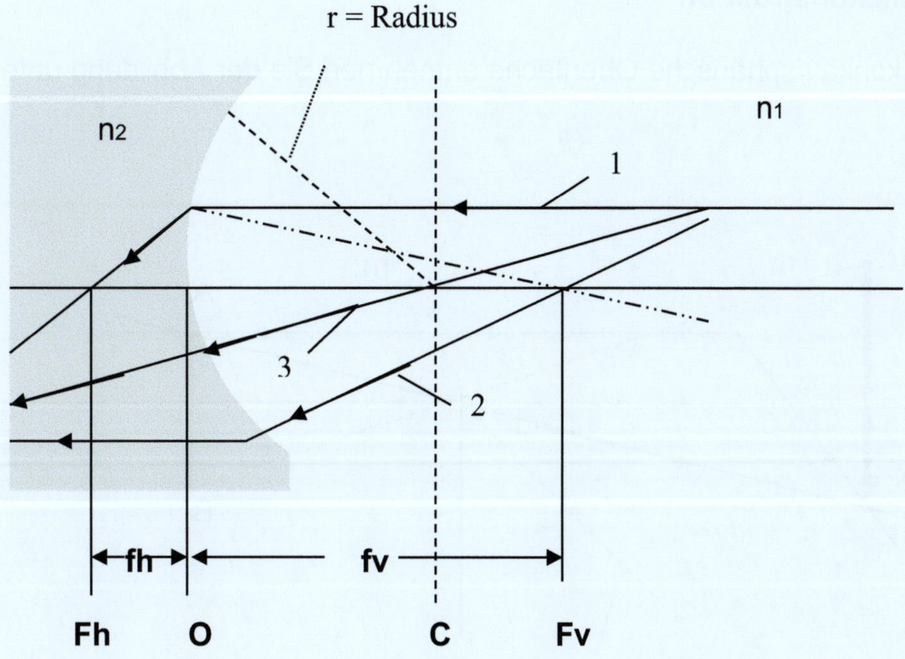


***Abb. 3.19 Darstellung der Hauptstrahlen an einer brechenden sphärischen Oberfläche*** *(konkav). Der Radius r sei > 0 und n1 > n2. C entspricht r, vorderer Brennpunkt Fv. Hinterer Brennpunkt Fh, Brennweite vorne fv, Brennweite hinten fh*

### Brennpunkte

Schauen wir uns den objektseitigen Brennpunkt (auch vorderer Brennpunkt genannt) F an, es ist die Position eines Punktobjektes auf der Hauptachse, so dass die gebrochenen Strahlen parallel zur Hauptachse sind. Dies entspricht einer Abbildung des Punktobjektes im Unendlichen, also q = $\infty$. Die Entfernung des Objektes von der sphärischen Oberfläche nennt man objektseitige Brennweite und wird mit f (p = f) bezeichnet.

Setzen wir dies in $\frac{n_1}{p} - \frac{n_2}{q} = \frac{n_1 - n_2}{r}$ so erhalten wir: $f = \frac{n_1}{n_1 - n_2} r$

Entsprechendes kann man für vorderen Brennpunkt zeigen.

### Bildkonstruktion

für eine konkav sphärische Oberfläche entnehmen Sie der Abbildung unten.

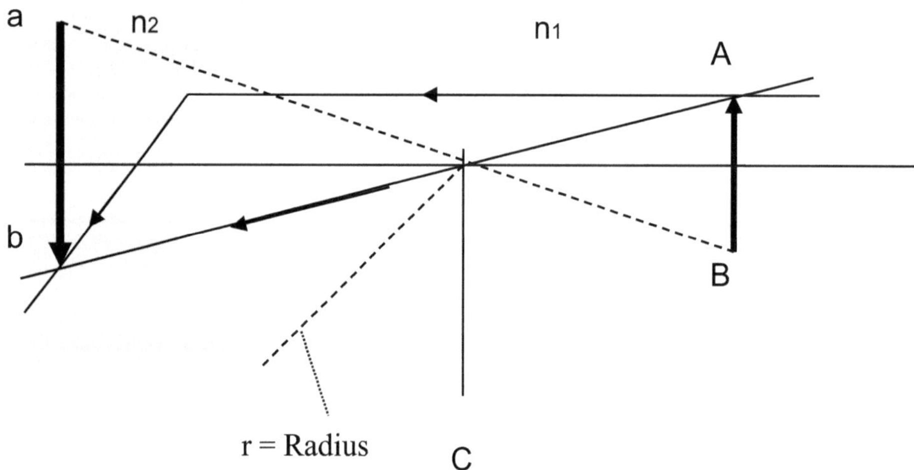


***Abb. 3.20:*** *Vergleichen sie den Strahlenverlauf mit der Abbildung 3.16. r sei > 0 und n1 > n2. Die Bildentstehung erfolgt durch Brechung an der konkaven sphärischen Oberfläche der Linse.*

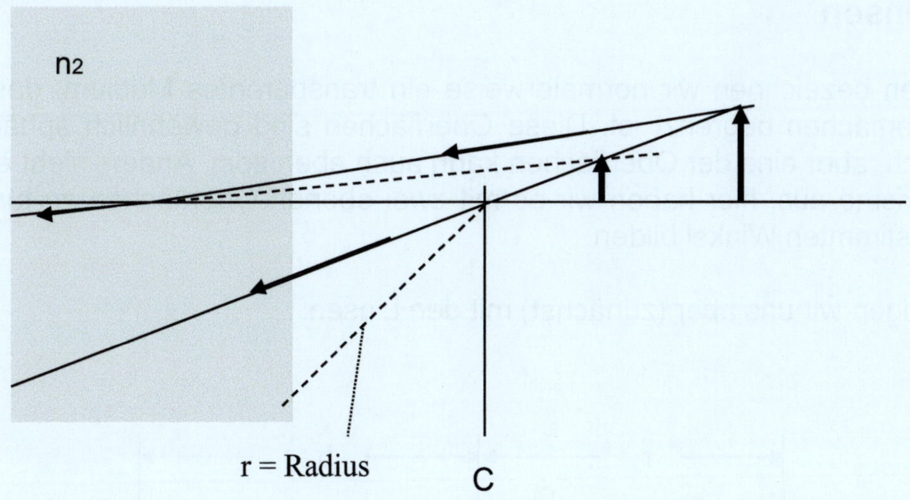


***Abb. 3.21***

**Vorzeichensetzung für sphärisch brechende Oberflächen**

| | + | - |
|---|---|---|
| Radius r | konkav | konvex |
| Brennpunkt f | konvergent | divergent |
| Objekt p | reell | virtuell |
| Bild q | virtuell | reell |

# 5. Linsen

Als Linsen bezeichnen wir normalerweise ein transparentes Medium, das von zwei Oberflächen begrenzt ist. Diese Oberflächen sind gewöhnlich sphärisch, zylindrisch, aber eine der Oberflächen kann auch eben sein. Anders sieht es bei einem Prisma aus, hier haben wir es mit zwei ebenen Oberflächen zu tun, die einen bestimmten Winkel bilden.

Beschäftigen wir uns aber (zunächst) mit den Linsen.

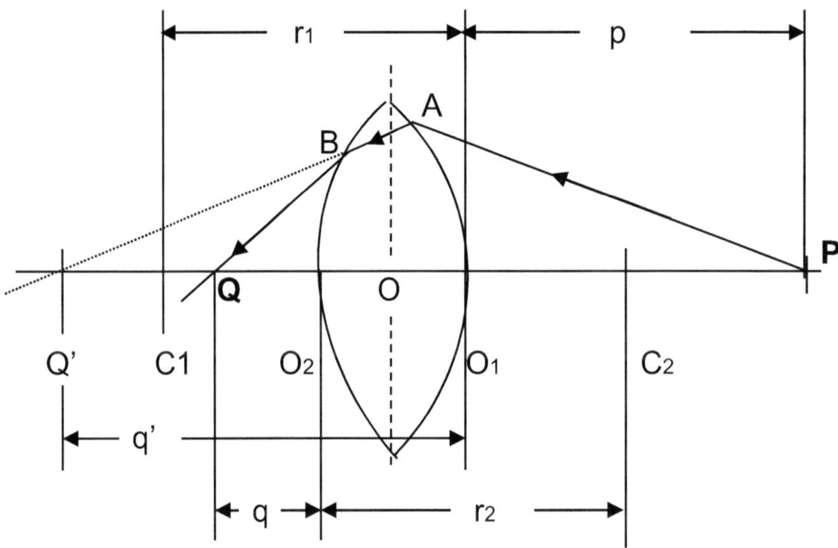


***Abb. 3.22*** *Strahlengang durch eine Linse.* ***P*** *entspricht dem Gegenstand, der nach* ***Q*** *abgebildet wird. Der einfallende Strahl PA wird an der ersten Linsenoberfläche in Richtung AB gebrochen. Verlängert man den Strahl AB so geht dieser durch Q', hier liegt das Bild der ersten brechenden Oberfläche. Eine zweite Brechung erfolgt in B woraus der Strahl BQ entsteht. O entspricht der Linsenmitte. Das unten Folgende gilt für dünne Linsen.*

Eine Linse besteht aus einem transparenten Medium, das von zwei gekrümmten Oberflächen begrenzt ist, wobei eine der Oberflächen auch eben sein kann. Die Oberflächen sind für gewöhnlich sphärisch oder zylindrisch.

Eine einfallende Welle erfährt somit zwei Brechungen.

**Voraussetzungen**

Fürs Grundverständnis setzen wir voraus, dass der Brechungsindex der Linse gleich n ist, während das Medium links und rechts (z.B. Luft) gleich eins ist. Betrachtet werden nur dünne Linsen, deren dicke im Vergleich zum Radius klein ist. Für die Vorzeichen gilt die Vorzeichensetzung für sphärisch brechende Oberflächen.

Gehen wir nochmal zur *Abbildung 3.19* zurück, dann haben wir dort für die

Descartessche Formel folgendes Ergebnis gefunden:

$$\frac{n_1}{p} - \frac{n_2}{q} = \frac{n_1 - n_2}{r}$$

Die Abb. 3.19 zeigt uns, dass die Hauptachse durch die Mittelpunkte $C_1$ und $C_2$ festgelegt ist. Ausgangssituation ist der einfallende Strahl PA der durch P geht. Dieser einfallende Strahl wird an der ersten Oberfläche längst des Strahls AB gebrochen. Verlängerte man den Strahl AB so würde er durch Q´ gehen. Diese Stelle Q´ bezeichnet das Bild von P, das von der ersten brechenden Oberfläche erzeugt wird. Den Abstand q´ (Strecke zwischen Q´ und $O_1$) erhält man aus der obigen Gleichung in dem man für $n_1 = 1$ (für Luft) setzt und für $n_2 = n$ schreiben, da hier nur der Brechungsindex der Linse anzugeben ist. Als Ergebnis erhalten wir dann die allgemeine Gleichung:

$$\frac{1}{p} - \frac{n}{q_1} = \frac{1-n}{r_1}$$

An B erfährt der Strahl eine zweite Brechung und wird zum Strahl BQ. Damit ist Q das endgültige Bild von P, das von dem System zweier brechenden Oberflächen einer Linse generiert wird.

Die Brechung am Punkt B ist verantwortlich für den virtuellen Gegenstand Q´. Das Bild selbst wird durch Q dargestellt und befindet sich im Abstand q von der Linse.

Entsprechend $\frac{n_1}{p} - \frac{n_2}{q} = \frac{n_1 - n_2}{r}$ erhalten wir jetzt nach dem Einsetzen:

$$\frac{n}{q'} - \frac{1}{q} = \frac{n-1}{r_2}$$

Wir sehen, dass die Reihenfolge der Brechungsindices umgekehrt ist, was mit dem Strahl zusammenhängt, der von der Line in Luft übertritt. Genauso genommen müssten die hier angegeben Entfernungen von $O_1$ und $O_2$ aus gemessen werden, womit wir q´- t mit t = $O_2O_1$ statt q´ zu schreiben hätten. Da wir aber vorausgesetzt haben, dass die Linse sehr dünn ist, lässt sich t vernachlässigen. Die ist gleichbedeutend mit der Messung aller Entfernungen von O. Um jetzt q´ zu eliminieren vereinigen wir:

$$\frac{1}{p} - \frac{n}{q_1} = \frac{1-n}{r_1}$$

und

$$\frac{n}{q'} - \frac{1}{q} = \frac{n-1}{r_2}$$

und erhalten:

$$\frac{1}{p} - \frac{1}{q} = (n-1) \cdot (\frac{1}{r_2} - \frac{1}{r_1})$$

die ***Descartessche Formel für dünne Linsen***.

## Brennpunkte Linsen

Betrachten wir für eine Linse mit einer einzigen brechenden Oberfläche den objektseitigen Brennpunkt $F_0$ (auch vorderer Brennpunkt), dann ist der objektseitige Brennpunkt die Position des Gegenstandes für die die Strahlen nach dem Durchgang durch die Linse parallel zur Hauptachse austreten $q = \infty$. Die Entfernung zwischen F0 und der Linse wird mit f bezeichnet und steht für die objektseitige Brennweite. Setzen wir für p = f und $q = \infty$, erhalten wir die Formel für die objektseitige Brennweite:

$$\frac{1}{f} = (n-1) \cdot (\frac{1}{r_2} - \frac{1}{r_1})$$

Fassen wir $\frac{1}{f} = (n-1) \cdot (\frac{1}{r_2} - \frac{1}{r_1})$ und $\frac{1}{p} - \frac{1}{q} = (n-1) \cdot (\frac{1}{r_2} - \frac{1}{r_1})$ zusammen, erhalten wir:

$$\frac{1}{p} - \frac{1}{q} = \frac{1}{f}$$ die Linsengleichung (q < 0)

Bei der experimentellen Bestimmung von f können wir die Linsengleichung verwenden, um die Position des Gegenstandes und seines Bildes in Beziehung zu setzen, ohne den Brechungsindex oder die Radien der Linse zu kennen. Haben wir einen einfallenden Strahl parallel zur Hauptachse ($q = \infty$), dann geht der austretende Strahl durch einen Punkt Fi für den q = - f ist. Diesen bezeichnet man als den bildseitigen oder hinteren Brennpunkt.

**Sammellinse**

Für eine dünne Linse gilt somit, dass die beiden Brennpunkte symmetrisch zu beiden Seiten liegen. Ist f positiv, bezeichnet man die Linse als konvergent oder auch als Sammellinse.

**Zerstreuungslinse**

Ist f negativ wird die Linse als divergent oder als Zerstreuungslinse bezeichnet.

### Optischer Mittelpunkt

Kehren wir zur ***Abb. 3.22*** zurück so ist dort der Punkt O so gewählt, dass er mit dem optischen Mittelpunkt der Linse zusammenfällt. Dieser optische Mittelpunkt ist so definiert, dass jeder durch ihn laufende Strahl, parallel zum einfallenden Strahl austritt.

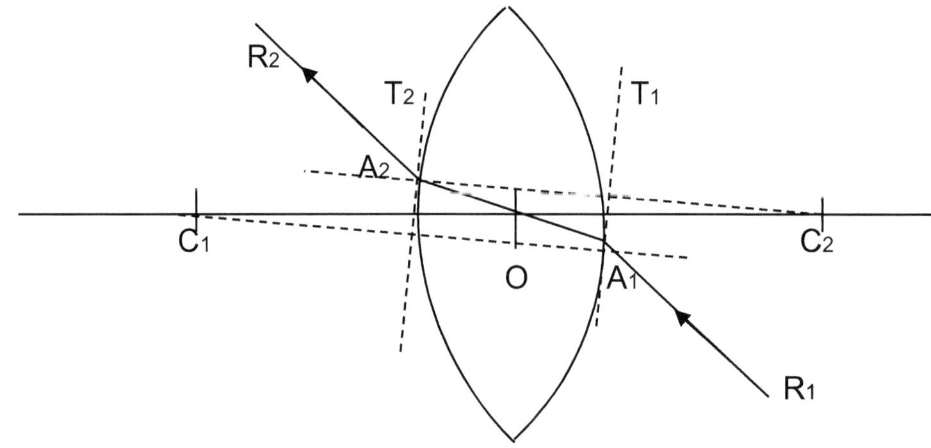


***Abb. 3.23***

Aus der *Abb. 3.23* oben entnehmen wir, dass $C_1A_1$ und $C_2A_2$ zwei parallele Radien sind, ebenfalls parallel sind die Tangentialebenen $T_1$ un$T_2$. Für $R_1A_1$ wählen wir die Richtung so, dass der gebrochene Strahl $A_1A_2$ ist, dann ist der austretende Strahl $A_2R_2$ parallel zu $A_1R_1$. Mit der Ähnlichkeit der Dreiecke $C_1A_1O$ und $C_2A_2O$ gilt:

$$\frac{C_1O}{OC_2} = \frac{C_1A_1}{A_2C_2} = -\frac{r_1}{r_2}$$

An der Formel erkennt man, dass die Lage des gewählten Strahls von O unabhängig ist. Es gilt, dass für alle einfallenden Strahlen, die durch den Punkt O gehen, diese ohne Winkelabweichung wieder austreten.

**Hauptstrahlen einer konkaven Linse**

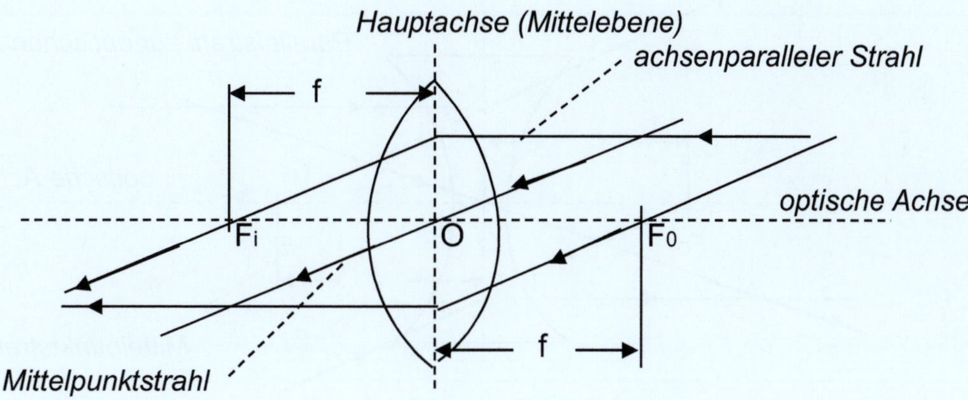


***Abb. 3.24*** *dünne Linse, Hauptachse senkrecht durch O, konkav/ konvergente Sammellinse. Achsenparalleler Strahl geht durch den Brennpunkt Fi. Mittelpunktstrahl geht durch ungebrochen durch die Linse. Der Brennpunktstrahl geht durch Fo und verläuft nach dem Strahlaustritt aus der Linse achsenparallel.*

**Bildkonstruktion** für eine **konkave Linse**

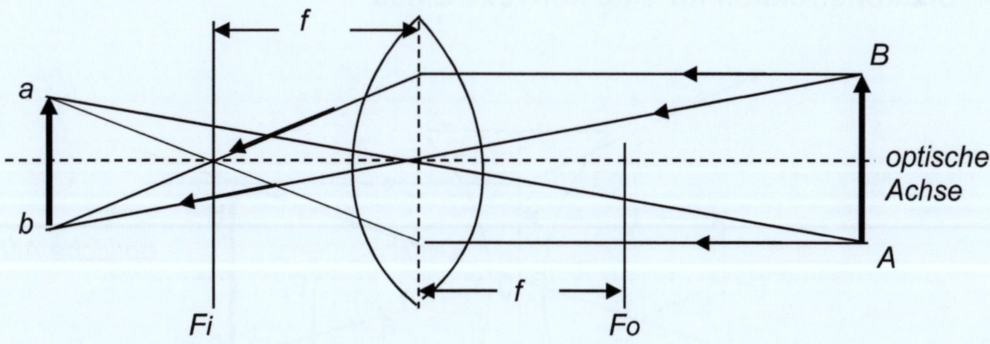


***Abb. 3.25*** *Mit dem Wissen aus Abb. 3.24 lässt sich jetzt das Bild ab aus dem Gegenstand AB konstruieren.*

## Hauptstrahlen einer konvexen Linse

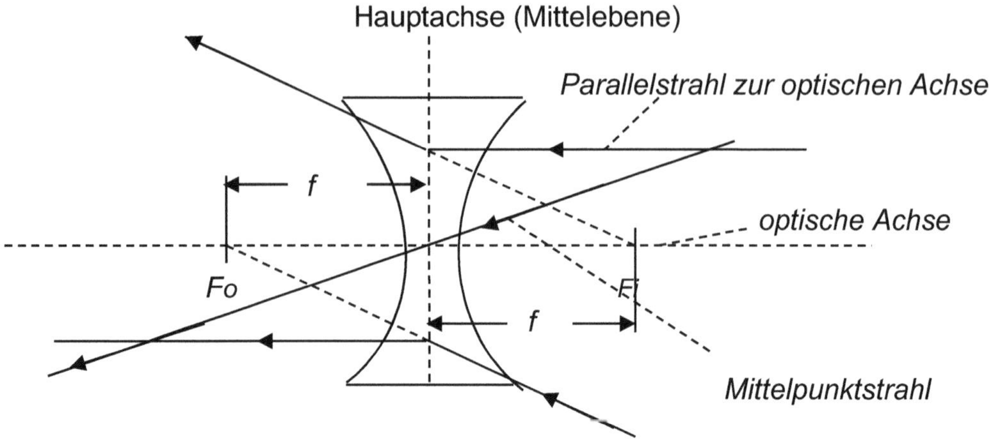


***Abb, 3.26*** *Der Mittelpunktstrahl geht ungebrochen durch die Linse. Der Parallelstrahl zur optischen Achse wird von dieser weggebrochen und deren rückwertige Verlängerung geht durch den Brennpunkt*

## Bildkonstruktion für eine konvexe Linse

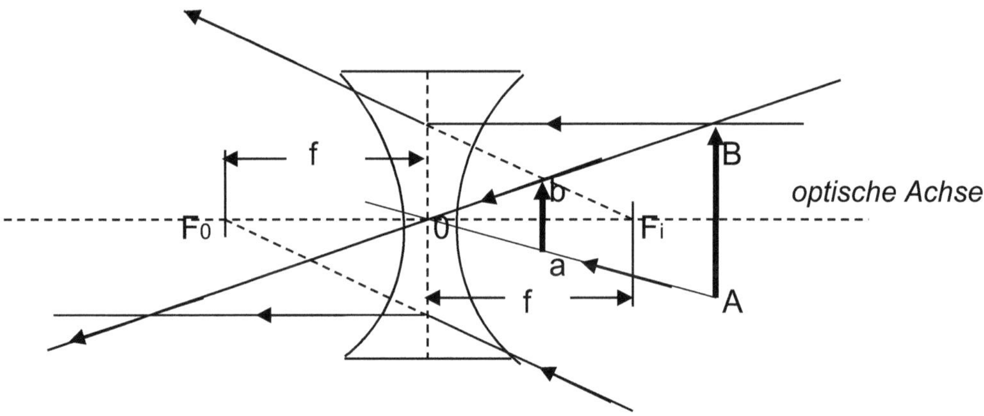


***Abb. 3.25*** *dünne Linse Hauptstrahlen und Bildentstehung. Hauptachse senkrecht durch O, konvex/ divergent/ Streulinse.*

**Dicke Linsen**

Abschließend gehen wir noch kurz auf Dicke Linsen ein. Sowie die Dicke der Linsen nicht mehr vernachlässigbar ist, so müssen andere Wege beschritten werden. In diesem Fall lässt sich die zweifache Brechung nicht mehr wie vorher an einer einzigen Mittellinie durchführen, sondern führt zum Einsatz von zwei Hauptebenen.

Um das zu verstehen, schauen wir uns dies am Beispiel der Bildkonstruktion für dicke Linsen mit den Hauptebenen H und H‘ an.

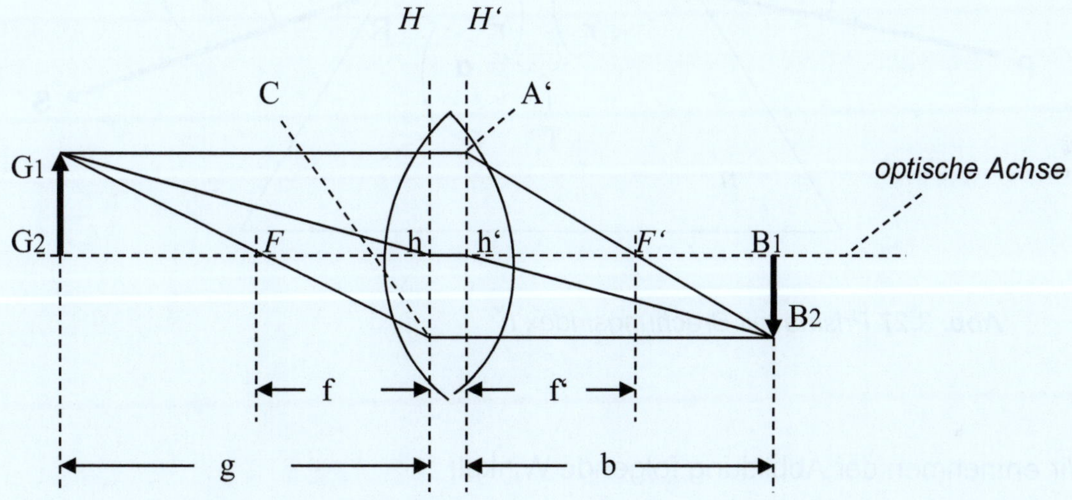


***Abb. 3.26*** *Sämtliche Vorschriften wie zuvor bei einem zentrierten System bleiben erhalten. Als erstes ziehen wir vom Punkt G1 des Gegenstandes parallel zur optischen Achse einen Strahl bis zum Scheitelpunkt A‘ mit der bildseitigen Haupteben H‘. Von A‘ wird jetzt der Strahl durch den bildseitigen Brennpunkt Fi geführt.Von G1 wird ein zweiter Strahl durch den gegenstandseitigen Brennpunkt F gelegt, der die Hauptebene H in C schneidet. Von C legt man einen parallelen Strahl zur optischen Achse, der den durch F‘ verlaufenden Strahl A’F‘ in B2 (Bildpunkt zu G1) schneidet. Jetzt verbinden wir G1 noch mit dem Hauptpunkt h, der stellt zudem wegen f = f‘ den objektseitigen Knotenpunkt der Linse dar. Auf diese Weise geht eine durch den bildseitigen Hauptpunkt h‘ gezogene Linie zusätzlich durch B2. Im Falle von sehr dünnen Linsen fallen die Hauptebenen H und H‘ zusammen und wir sind wieder bei den bereits hergeleiteten Linsengesetzen.*

Die Bildkonstruktion von bikonkaven Linsen erfolgt mit Hilfe von Hauptebenen, nach den bekannten Vorgaben.

**Prisma**

Abschließend gehen wir auf den Strahlengang durch ein Prisma ein.

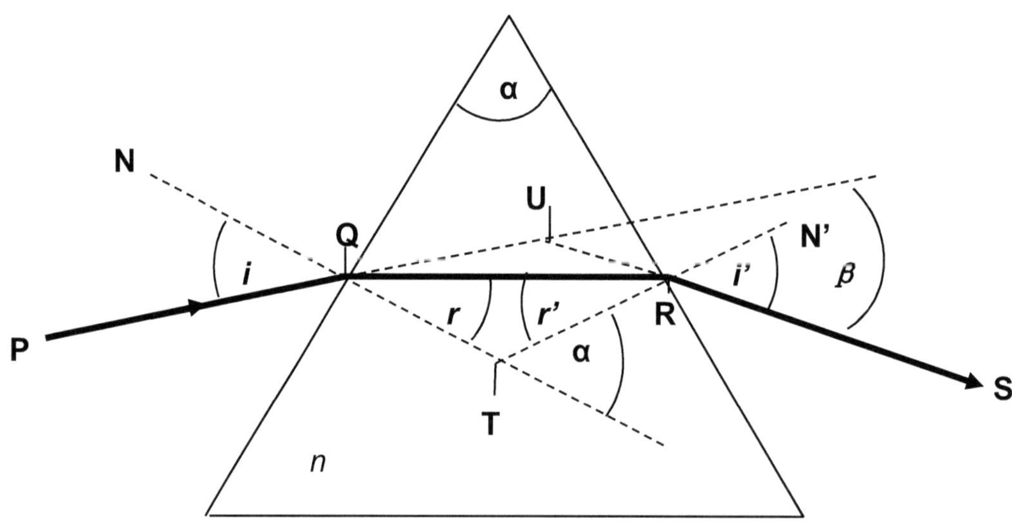


***Abb. 3.27*** *Prisma mit Brechungsindex n*

Wir entnehmen der Abbildung folgende Winkel:

$i$, $i'$, $r$, $r'$, $\beta$ und $\alpha$

Die verschiedenen Punkte: Q, U, R, T sowie die Normale N und N', den Strahl P und S und erhalten dann nach dem Snelliusschem Gesetz die beiden ersten Gleichungen:

1. $\sin(i) = n \sin(r)$,
2. $\sin(i') = n \sin(r')$,

die Gleichung 3. $r + r' = \alpha$ können wir aus dem Dreieck QRT herleiten und die Gleichung 4. $\beta = i + i' - \alpha$ aus dem Dreieck QUR.

Die Gleichungen 1, 2 und 3 stehen für den Strahlengang und Gleichung 4 für die Ablenkung deseinfallenden Strahls nach dem Wiederaustritt aus dem Prisma.

**Wichtig**

Das hier erlangte Wissen, hat in vielen weiteren Bereichen der Physik eine tragende Rolle, was wir auch im Bereich der Atom- und Kernphysik sehen werden.

**Lerninhalte:**

**Sie können jetzt**

1. Ein Lichtbündel beschreiben
2. die Strahlenoptik erklären
3. Beweisen, dass das Licht elektromagnetische Wellen darstellt
4. zeigen, dass die Wellengleichung für das Licht gilt
5. zeigen, wie sich die Wellen durch ein Medium ausbreitet
6. Brechungsgesetz erklären
7. erklären, wann sich Lichtstrahlen einsetzen lassen
8. was sind sphärische Oberflächen (konkav und konvex)
9. die Descartessche Formel darstellen
10. den Brennpunkt erläutern
11. eine Bildkonstruktion anhand einer Skizze erläutern
12. die sphärische Aberration darstellen und erklären

**Entsprechend können sie für die Linsen folgendes erklären:**

1. Brennpunkte
2. Sammellinse
3. Zerstreuungslinse
4. Optischer Mittelpunkt
5. Bildkonstruktion

**Mathematik**

**Autor: Jürgen Schlüsing**

**Grundlagen I - IV**

## Verzeichnis der Symbole

| | |
|---|---|
| a, b, c | Konstanten, Parameter |
| x, y, z | Variablen |
| $\rightarrow$ | Implikation |
| $\leftrightarrow$ | Äquivalenz |
| { } | Mengenklammer |
| **N** | Menge der natürlichen Zahlen |
| **Z** | Menge der ganzen Zahlen |
| **Q** | Menge der rationalen Zahlen |
| **R** | Menge der reellen Zahlen |
| = | Gleichheitszeichen |
| ≠ | ist ungleich |
| ∞ | unendlich |
| > | Ist größer |
| < | ist kleiner |
| < | ist kleiner |
| ≥ | ist größer gleich |
| ≤ | ist kleiner gleich |

| | |
|---|---|
| ∑ | Summenzeichen |
| ∏ | Produktzeichen |
| [ ] | abgeschlossenes Intervall |
| F: X $\rightarrow$ Y | Abbildung, Funktion |
| f(x) | Funktion mit einer Veränderlichen |
| $f^{-1}(x)$ | Umkehrfunktion |
| $p_n(x)$ | Polynom n-ten Grades |

| | | |
|---|---|---|
| $x^n$ | Potenzfunktion | |
| $a^x$ | Exponentialfunktion | zur Basis a |
| $e^x$ | Exponentialfunktion | zur Basis e |
| $\log_a x$ | Logarithmusfunktion | zur Basis a |
| ln x | natürliche Logarithmusfunktion (Basis e) | |

Griechisches Alphabet

| | |
|---|---|
| α | Alpha |
| β | Beta |
| Γ, γ | Gamma |
| Δ, δ | Delta |
| ε | Epsilon |
| ζ | Zeta |
| η | Eta |
| Θ, θ | Theta |
| κ | Kappa |
| Λ, λ | Lambda |
| μ | My |
| ν | Ny |
| ξ | Xi |
| Π, π | Pi |
| ρ | Rho |
| Σ, σ | Sigma |
| T | Tau |
| χ | Chi |
| Φ, ϕ | Phi |
| Ψ, ψ | Psi |
| Ω, ω | Omega |

# 1. Grundlagen

## 1.1 Zahlensysteme

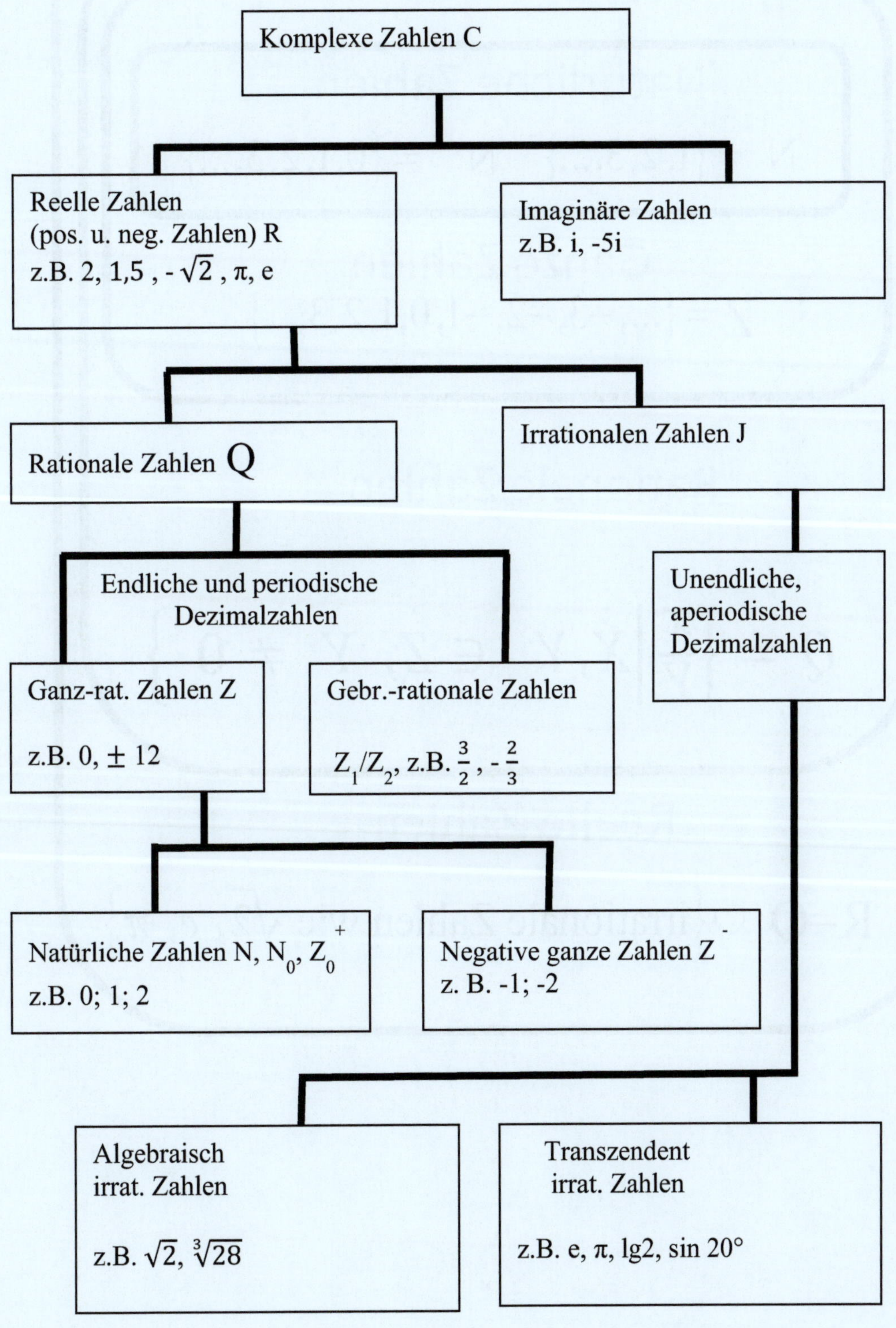

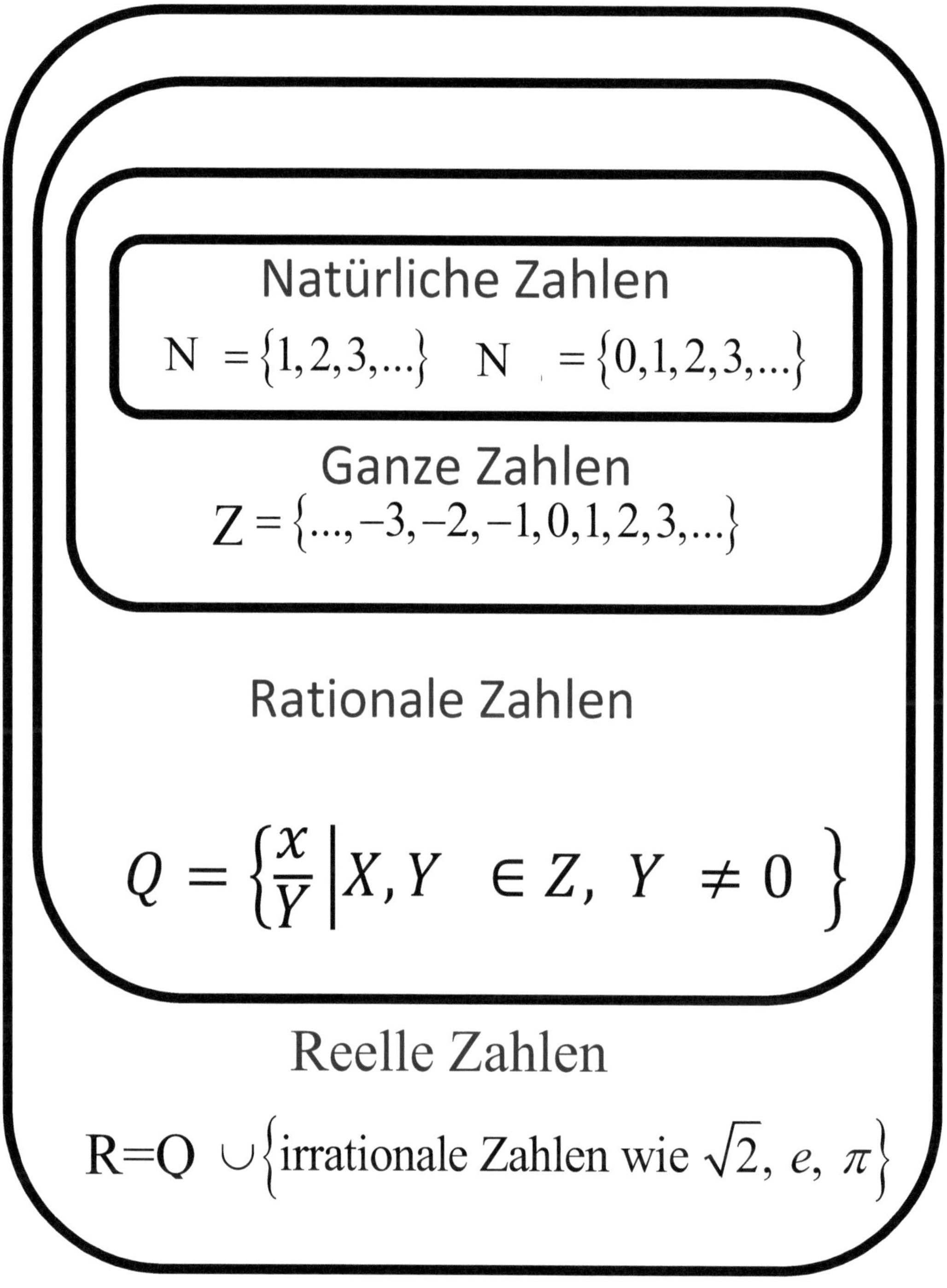

Natürliche Zahlen

$N = \{1,2,3,\ldots\}$ $N_0 = \{0,1,2,3,\ldots\}$

Ganze Zahlen

$Z = \{\ldots,-3,-2,-1,0,1,2,3,\ldots\}$

Rationale Zahlen

$$Q = \left\{\frac{x}{Y} \middle| X, Y \in Z,\ Y \neq 0 \right\}$$

Reelle Zahlen

$R = Q \cup \{\text{irrationale Zahlen wie } \sqrt{2},\ e,\ \pi\}$

## 1.2 Runden, Interpolieren

### 1.2.1 Runden

Als zählende Ziffer bei ganzen Zahlen und Dezimalstellen bezeichnet man alle Grundziffern außer den am Anfang oder Ende stehende Nullen.
z.B. <u>24705</u>000; 0,00<u>70024</u>00 ( ________ = zählende Ziffern)
Übermäßig viele zählende Ziffern täuschen oft bei Ergebnissen von Messungen oder Schätzungen eine ungerechtfertigte Genauigkeit vor. Sie werden durch Runden beseitigt. Das geschieht dadurch, dass man von rechts her beginnend die überflüssig zählenden Ziffern bei ganzen Zahlen durch Nullen ersetzt und bei Dezimalzahlen weglässt. Die (von rechts her) erste nicht überflüssige Grundziffer wird dabei entweder um 1 erhöht (aufgerundet) oder unverändert gelassen (abgerundet). Das richtet sich nach der (von rechts her) letzten überflüssigen Grundziffer.

Rundungsregel für alle Ziffern außer 5

16,<u>7</u>21 ≈ 16,7; 112<u>8</u>09 ≈ 112800 ; 0,0<u>5</u>032 ≈ 0,050

58,3<u>7</u>91 ≈ 58,38; 127<u>0</u>62 ≈ 127100 ; 0,8<u>9</u>624 ≈ 0,90

Rundungsregel für die 5

Im Geschäftsleben

Vor einer 5 wird stets aufgerundet
12<u>7</u>5 ≈ 1280 ; 3,<u>9</u>524 ≈ 4,0

In Wissenschaft und Technik

a) Vor einer 5 wird aufgerundet, wenn rechts von der 5 noch weitere zählende Ziffern folgen.

0,<u>2</u>5002 ≈ 0,3; 160<u>9</u>53 ≈ 161000

b) Ist die 5 die letzte zählende Ziffer und ist bekannt, dass sie bei einer vorangegangenen Rechnung durch Abrunden (Aufrunden) entstanden ist, so wird vor ihr aufgerundet (abgerundet).

$16{,}2\underline{5}4 \approx 16{,}25$; $\quad 27\underline{4}86 \approx 27500$; $\quad 0{,}3\underline{4}99 \approx 0{,}35$

$16{,}\underline{2}54 \approx 163$ ; $\quad 2\underline{7}486 \approx 27000$; $\quad 0{,}\underline{3}499 \approx 0{,}3$

c) Ist 5 von vornherein die letzte zählbare Ziffer oder ist nicht bekannt, wie sie entstand, so wird nach der „Gerade-Zahl-Regel“ gerundet, d.h. so, dass die von rechts her erste nicht überflüssige Grundziffer gerade wird.

$26\underline{8}5 \approx 2680$; $\quad 13{,}7\underline{7}500 \approx 13{,}78$

### 1.2.2 Lineare Interpolation

| Z | ... | 2 | 3 | 4 |
|---|---|---|---|---|
| ... | | | | |
| 1,2 | | 0,8888 | 0,8907 | 0,8925 |
| 1,3 | | 0,9049 | 0,9066 | 0,9082 |
| 1,4 | | 0,9192 | 0,9207 | 0,9222 |

Tafel der Funktionswerte (Wahrscheinlichkeiten) der Verteilungsfunktion f(z):

$$f(z) = \frac{1}{\sqrt{2\pi}} \int_{-\infty}^{z} e^{-\frac{1}{2}t^2}\, dt$$

Darstellung der linearen Interpolation

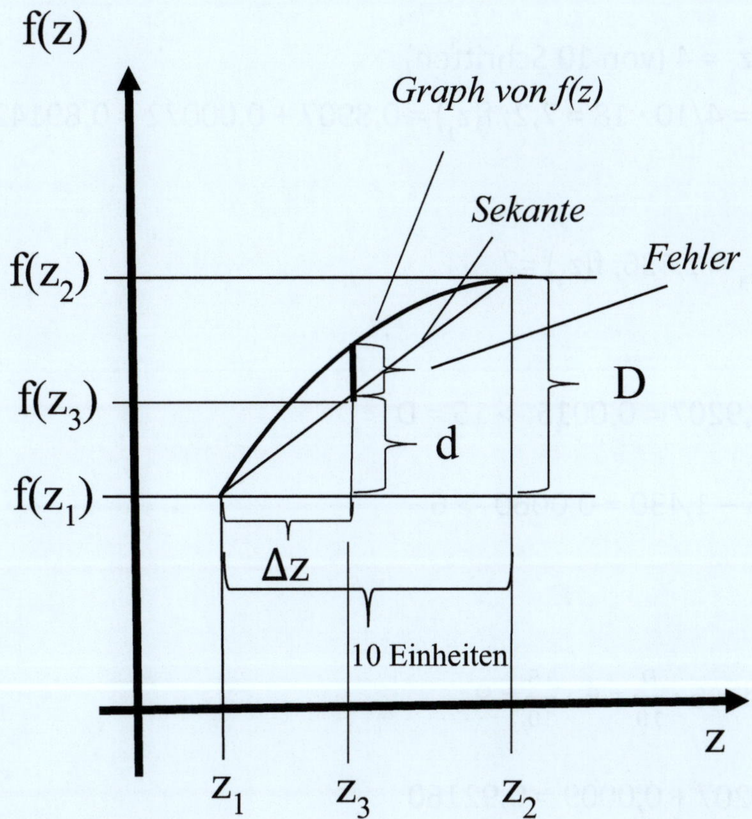


Gegeben:
$z_1$, $z_2$, $f(z_1)$, $f(z_2)$, D, $z_3$-$z_1$ = Δz
Gesucht: d = $f(z_3)$ - $f(z_1)$

1. Schritt: Bestimmung von D = $f(z_2) – f(z_1)$
und Δ z = $z_3 – z_1$

2. Schritt: $\frac{d}{\Delta z} = \frac{D}{10}$ => d = $\Delta z \cdot \frac{D}{10}$

$d = f(z_3) – f(z_1) \Rightarrow f(z_3) = d + f(z_1)$

1. Beispiel: $z_3$: 1,234; $f(z_3)$ =?
   Tafeldifferenz D: 25 – 7 = 18

   $\Delta z = z_3 - z_1 = 4$ (von 10 Schritten)
   4/10 · D = 4/10 · 18 = 7,2; $f(z_1)$ = 0,8907 + 0,00072 = 0,89142 = $f(z_3)$

2. Beispiel: $z_3$ = 1,436, $f(z_3)$ =?

1. Schritt:
0,9222 - 0,9207 = 0,0015 -> 15 = D

$\Delta z$ = 1,436 – 1,430 = 0,0060 -> 6

2. Schritt:
$\frac{d}{6} = \frac{D}{10}$ -> d = 6 · $\frac{D}{10}$ = 6 · $\frac{15}{10}$ = 9

$f(z_3)$ = 0,9207 + 0,0009 = 0,92160

Durch lineares Interpolieren kann noch eine weitere zählende Ziffer berücksichtigt werden.
(Genauigkeit wird erhöht)

3. Beispiel: f(z) = 0,9072; $z_3$ =?
D = f(1,34) – f (1,33) = 0,9082 – 0,9066 = 16
d = 0,9072 – 0,9066 => 6

Dreisatz: 16 = D(z)
=> x = $\frac{10}{16}$ · 6 = 3,75; $z_3$= 1,330 + 0,00375 = <u>1,33375</u>
6 = $D(f_z)$

**Aufgaben Interpolation:**

a) **z:** 1,228; 1,326; f(z) =?

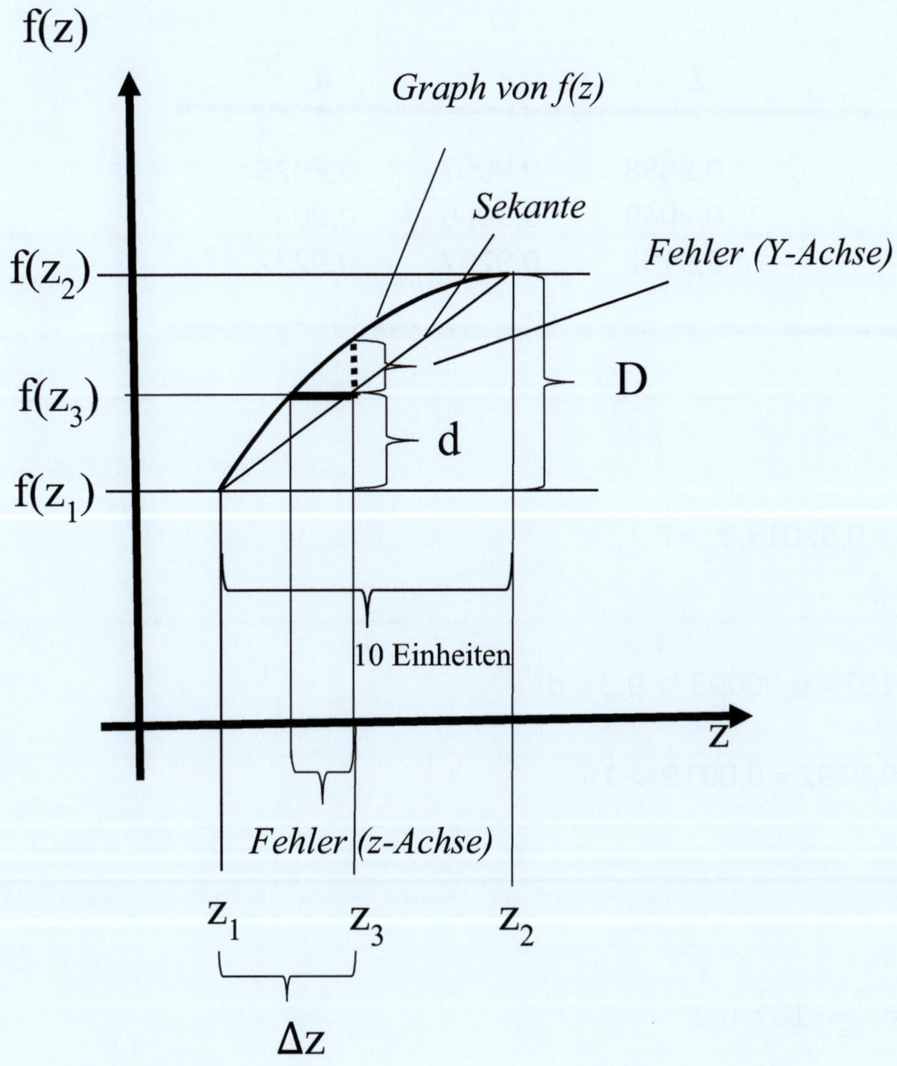


a) Gegeben:

$f(z_1 + d) = f(z_3)$; $z_1$, $z_2$, $f(z_1)$, $f(z_2)$, D
Gesucht: $z_3 = z_1 + \Delta z$

1. Schritt: Bestimmung von $D = f(z_2) - f(z_1)$

und d = $f(z_3) - f(z_1)$

2. Schritt: $\frac{\Delta z}{d} = \frac{10}{D}$ => d = $\Delta z = \frac{d}{D} \cdot 10$

| Z | ... | 2 | 3 | 4 |
|---|---|---|---|---|
| ... | | | | |
| 1,2 | | 0,8888 | 0,8907 | 0,8925 |
| 1,3 | | 0,9049 | 0,9066 | 0,9082 |
| 1,4 | | 0,9192 | 0,9207 | 0,9222 |

Beispiel: $f(z_3)$ = 0,92013, $z_3$ =?

1. Schritt:

0,92013 - 0,9192 = 0,00093 -> 9,3 = d

D = 0,9207 – 0,9192 = 0,0015 -> 15

2. Schritt:

$\frac{\Delta z}{9{,}3} = \frac{10}{15}$ -> $\Delta z = \frac{9{,}3}{15} \cdot 10 = 6{,}2$

$z_3$ = 1,420 + 0,0062 = 1,4262

**Aufgabe:**

a) $Z_3$ = 1,228; 1,326; $f_{(z3)}$ = ?

b) f(z): 0,8901; 0,9080; z = ?

Lineare Interpolation zwischen 4 Werten:

| Z | ... | 3 | 4 | 5 |
|---|---|---|---|---|
| 1,2 | | 0,8907 | 0,8925 | 0,8944 |
| 1,3 | | 0,9601 | 0,9077 | |
| 1,4 | | | | |
| 1,5 | | 0,9370 | 0,9382 | 0,9394 |

Beispiel: $z_3 = 1{,}334$; $f(z_3) = ?$

1. Schritt: Berechnung der Werte f(1,33) und f(1,34)

2. Schritt: Interpolation zwischen diesen Werten

1) $D_1 = 0{,}9370 - 0{,}8907 = 0{,}0463$ $D_2 = 0{,}9382 - 0{,}8925 = 0{,}0457$

$d_1 = 0{,}0463/3 = 0{,}01543$ $d_2 = 0{,}0457/3 = 0{,}01523$

$f(1{,}33) = 0{,}8907 + 0{,}01543 = 0{,}90613$

$f(1{,}34) = 0{,}8925 + 0{,}01523 = 0{,}90773$

2) $d_3 = 0{,}9077 - 0{,}9061 = 0{,}0016$; $d_3 = 0{,}0016 \cdot 4/10 = 0{,}00064$

$f(1{,}334) = 0{,}9061 + 0{,}00064 = 0{,}90674$

**Aufgabe:** c) z = 1,448: f(z) =?

## 1.3 Potenzen und 1.4 Wurzeln (Regeln zusammengefasst):

| | | |
|---|---|---|
| **1)** $a^x \cdot a^y = a^{x+y}$ | **2)** $a^{-x} = \frac{1}{a^x}$ | **3)** $\frac{a^x}{a^y} = a^{x-y}$ |
| **4)** $a^x \cdot b^x = (a \cdot b)^x$ | **5)** $\frac{a^x}{b^x} = \left(\frac{a}{b}\right)^x$ | **6)** $(a^x)^y = a^{x \cdot y}$ |

**7)** $\sqrt[n]{x} = x^{\frac{1}{n}}$ $Geltungsbereich{:}\, a, b \in R+ \text{ und } x, y \in R$

**Aufgaben Potenzrechnung:**

***a***) $4^2 \cdot 2^4 \cdot 8^{-1}$

***b***) $(x \cdot y)^{-3} \, (x^{-2} \cdot y - 3)^{-2}$

***c***) $\sqrt[3]{16xy^4} \cdot \sqrt[3]{4x^2y^2}$

***d***) $\sqrt[5]{\frac{x^3}{32}}$

***e***) $(x^4 \cdot y^8)^{-0{,}25} \cdot x4^{-1}$

***f***) $(x^{0{,}2} \cdot y^2)^{-5} \left(\sqrt{x} \cdot y^2\right)^4$

***g***) $12^{-2} \cdot 2^3 \cdot 18$

***h***) $\sqrt[4]{\frac{x^2}{81}}$

***i***) $(10r^2 - 9rs - 22rt - 7s^2 + 27st + 4t^2) : (5r - 7s - t)$

**Binomische Formeln:**

I. $(a+b)^2 = a^2 + 2ab + b^2$

II. $(a-b)^2 = a^2 - 2ab + b^2$

III. $(a+b)(a-b) = a^2 - b^2$

**Aufgaben binomische Formeln:** Bitte berechnen und vereinfachen Sie:

j) $(x+y)^2 - x^2 + y^2 - (x-y)^2 + x^2 - y^2 =$

k) $\frac{(x+y)^2}{x^2-y^2} - \frac{x^2-y^2}{(x-y)^2} =$

**1.5 Zahlensysteme** (Dezimal-Dual- und Hexadezimalsystem)

**a) Dezimalsystem**

Im Dezimalsystem benutzt man die arabischen Ziffern von 0, 1, 2....9 und drückt mit Hilfe von Zehnerpotenzen alle Zahlen aus. Man schreibt für 65027,15:

$$6 \cdot 10^4 + 5 \cdot 10^3 + 0 \cdot 10^2 + 2 \cdot 10^1 + 7 \cdot 10^0 + 1 \cdot 10^{-1} + 5 \cdot 10^{-2}$$

Hierin ist 65027,15 eine abgekürzte Schreibweise, bei der man die Zehnerpotenzen und die Additionszeichen fortgelassen hat. Die Zahl 10 heißt die Basis des Zahlsystems.

Da der Wert einer Ziffer von ihrer Stellung in der Zahl abhängt, spricht man von einem Stellenwertsystem. Man kann diese Stellenschreibweise für beliebige Basiszahlen benutzen.

$0 = 0 \cdot 2^{0} = 0$

$1 = 1 \cdot 2^{0} = L$

$2 = 1 \cdot 2^{1} + 0 \cdot 2^{0} = L0$

$3 = 1 \cdot 2^{1} + 1 \cdot 2^{0} = LL$

$4 = 1 \cdot 2^{2} + 0 \cdot 2^{1} + 0 \cdot 2^{0} = L00$

Das römische Zahlensystem z.B. ist kein Stellenwertsystem!

**b) Dualsystem**

Verwendet man statt Zehnerpotenzen Potenzen der Zahl 2, so benötigt man nur 2 Ziffer 0 und 1 und erhält in entsprechender Weise das Dualsystem.

0 und 1 können durch 2 Zustände eines Schalters (aus-ein) realisiert werden.

Deshalb wird dieses System in Computersystemen verwirklicht. Statt der 1 nutzt man L, um keine Verwechselungen mit dem Dezimalsystem zu haben.

Beispiel: $13 = 8 + 4 + 1 = 1 \cdot 2^3 + 1 \cdot 2^2 + 0 \cdot 2^{1} + 1 \cdot 2^{0} = LL0L$

$0{,}5 = 1 \cdot 2^{-1} = 0{,} L$

$0{,}25 = 0 \cdot 2^{-1} + 1 \cdot 2^{-2} = 0{,}0L$

$0{,}125 = 0 \cdot 2^{-1} + 0 \cdot 2^{-2} + 1 \cdot 2^{-3} = 0{,}00L$

Man sieht, dass man im Dualsystem zur Darstellung der Zahlen im Allgemeinen wesentlich mehr Stellen benötigt. Diesem Nachteil steht aber auch ein enormer Vorteil gegenüber: nur die Ziffern 0 und L werden benötigt! In der Computersprache nennt man eine Dualstelle ein Bit (binary digit). 8 Bits bilden ein Byte.

Beispiel: $58 = 1 \cdot 2^5 + 1 \cdot 2^4 + 1 \cdot 2^3 + 0 \cdot 2^2 + 1 \cdot 2^1 + 0 \cdot 2^0 = LLLOLO$

Die letzte 0 darf nicht vergessen werden, die immer bei vollen Zweiern, also den geraden Zahlen, auftritt.

**c) Hexadezimalsystem**

Große Binärzahlen haben den Nachteil, dass sie sehr unübersichtlich sind.

Die Basis hierbei beträgt 16; eine Hexadezimalzahl entspricht 4 Dualstellen.

Bei Zahlen über 9, also 10,11, … ,15 benutzt man die großen Buchstaben A, B, C, D, E, F,

Somit ist $14 = 14 \cdot 16^0 = E{,}0_{16}$

$583_{10} = 2 \cdot 16^2 + 4 \cdot 16^1 + 7 \cdot 16^0 = 247_{16}$

$\frac{1}{2} = 0{,}8_{16}$ 1.Stelle hinter dem Komma ist $\frac{1}{16}$.

$\frac{1}{4} = 0{,}4_{16}$

2. Stelle hinter dem Komma ist $\frac{1}{16^2} = \frac{1}{256}$.

Anwendungsbereiche: Computer, Elektronik

**Aufgaben Dualsystem:**

Man schreibe folgende Zahlen im Dualsystem: 7; 66, 479

Man bilde die Summen der Dualzahlen: LOL + LL; LLLLL + LLLLL

Wie lauten die Produkte der Dual Zahlen? LLOO · LL; LLLLL · LLLLL

## 1.6 Logarithmus

$\log_a b = c \Leftrightarrow a^c = b$ Voraussetzung: a,b > 0

### 1.6.1 Der Begriff des Logarithmus

**Logarithmus von *b* zur Basis *a*:**

- Mit welcher Zahl *c* muss man die Basis *a* potenzieren, damit man das Ergebnis *b* erhält?
- oder *a* hoch was ist *b*?

### 1.6.2 Logarithmusgesetze

**Logarithmusregeln:**

1. $\log_x(a \cdot b) = \log_x a + \log_x b$
2. $\log x(\frac{a}{b}) = \log_x a - \log_x b$
3. $log_x(a^b) = b \cdot log_x\,(a)$
4. $\log_a x = \frac{\log x}{\log a} = \frac{\ln x}{lna}$

**Definitionen:**

$\log10\ x = \lg x$

$\log_e x = \ln x$

Mit: e = 2,71828183 = Eulersche Zahl

### 1.6.3 Logarithmensysteme

Die Gesamtheit aller Logarithmen zu einer festen Basis (> 0, 1) nennt man Logarithmensystem.

a) Dekadische oder Brigg'sche Logarithmen
   Alle Logarithmen mit der Basis 10 bilden das dekadische Logarithmensystem: $\log_{10} a = \lg a$

b) Natürliche Logarithmen
   Alle Logarithmen mit der Basis e bilden das natürliche Logarithmussystem und finden Anwendung in Physik, Wirtschaft und Technik.

   $e = \lim_{n \to \infty} (1 + 1/n)^n = 2{,}718281828....$
   $\log_e a = \ln a$; $\ln e = 1$; $\ln 1 = 0$

c) Zweierlogarithmen (Binärlogarithmen)
   Alle Logarithmen mit der Basis 2 (Informationstheorie, Nachrichtenverarbeitung): $\log_2 a = \mathrm{lb}\ a$

Mit einem Basiswechsel wechselt man von einem Logarithmussystem zum anderen.

**Aufgaben Logarithmus:**

Berechnen Sie bitte mit Taschenrechner:

ln 100 =
ln 10 =
ln1 =

ln 0,5 =
ln 0,1
ln 0,001 =

Berechnen Sie ohne Taschenrechner die Variable x:

a) $3^x = 81$

b) $4^x = 32$

c) $4^{5x-2} = 64$

d) $\ln(e^x) = 13$

e) $e^{\ln x} = 15$

f) $4^{x+1} = 2^{x+2}$

g) Man schreibe in Form einer Exponentialgleichung: $y = \log_3 4$

h) Man schreibe logarithmisch: $10^x = 0{,}00001$

i) Bestimmen Sie den Logarithmus: $\log_3 \frac{1}{81} = x$

j) Spalten Sie auf in 4 Terme: $\log_{10} \frac{uv}{wy} = \log_{10} u + \log_{10} v - \log_{10} w - \log_{10} y$

k) Fassen Sie zusammen: $\log_a 3 + \log_a \frac{2}{3a}$

l) $\log_{10} \sqrt{x+1} = 1$ x = 99; $\log_{10} 10 = 1$

m) Als $p_H$-Wert bezeichnet man in der Chemie den negativen dekadischen Logarithmus der molaren Wasserstoffionen-konzentration $c_H$.

Wie groß ist $p_H$, wenn $c_H = 2,5 \cdot 10^{-4}$ ist?

0,0001 2,5 =0,00025; lg 0,00025= - 3,60206 => pH = 3,6206

Wie groß ist $c_H$, wenn $p_H = 2,5607$

$c_H = 10^{-2,5607} = 0,00275 = 2,75 \cdot 10^{-3}$

## Zusammenstellung Gesetze

*Potenzen und Wurzeln*

$$a^n = a \cdot a \cdot a \cdot a \cdot ... \cdot a\,, \quad n \in \mathbf{N}\; n \geq 2\,, a \neq 0\,, \text{ wobei } a^0 = 1\,,\ a^1 = a$$

$$\sqrt[n]{a} = x \;\Leftrightarrow\; x^n = a, \quad a \geq 0,\ n \in \mathbf{N}\,, n \geq 2\,, x \geq 0\,, \sqrt[2]{a} = \sqrt{a}$$

| | | |
|---|---|---|
| $a^m \cdot a^n = a^{m+n}$ | $\sqrt[n]{a} \cdot \sqrt[n]{b} = \sqrt[n]{a \cdot b}$ | $a^{-n} = \frac{1}{a^n}$ |
| $a^m / a^n = a^{m-n}$ | $\sqrt[n]{a} / \sqrt[n]{b} = \sqrt[n]{\frac{a}{b}}$ | $a^{\frac{1}{n}} = \sqrt[n]{a}$ |
| $a^n \cdot b^n = (a \cdot b)^n$ | $(\sqrt[n]{a})^m = \sqrt[n]{(a^m)}$ | $a^{\frac{m}{n}} = \sqrt[n]{a^m}$ |
| $a^n / b^n - \left(\frac{a}{b}\right)^n$ | $\sqrt[m]{\sqrt[n]{a}} = \sqrt[mn]{a} = \sqrt[n]{\sqrt[m]{a}}$ | $a^{\frac{-m}{n}} = \frac{1}{\sqrt[n]{a^m}}$ |
| $(a^m)^n = a^{mn} = (a^n)^m$ | | |

*Logarithmen*

$$x = \log_b a \Leftrightarrow b^x = a \quad (a, b > 0 \text{ und } b \neq 1) \text{ daraus folgt } \log_b b = 1;\ \log_b 1 = 0$$

$$\log(u \cdot v) = \log u + \log v \quad ; \quad \log u^n = n \cdot \log u$$

$$\log\left(\frac{u}{v}\right) = \log u - \log v \quad ; \quad \log \sqrt[n]{u} = \frac{1}{n} \cdot \log u$$

*Grundgesetze*

| | | |
|---|---|---|
| Kommutativgesetz | $a + b = b + a$ | $a \cdot b = b \cdot a$ |
| Assoziativgesetz | $(a + b) + c = a + (b + c)$ | $(a \cdot b) \cdot c = a \cdot (b \cdot c)$ |
| Distributivgesetz | $a \cdot (b + c) = a \cdot b + a \cdot c$ | |

*Rechnen mit rationalen Zahlen*

| | |
|---|---|
| Gleichheit | $\frac{a}{b} = \frac{c}{d}$ wenn $a \cdot d = c \cdot b$ |
| Erweitern | $\frac{a}{b} = \frac{a \cdot z}{b \cdot z}$ |
| Kürzen | $\frac{a}{b} = \frac{a/z}{b/z} \quad (z \neq 0)$ |
| Addition | $\frac{a}{b} + \frac{c}{d} = \frac{ad+bc}{bd}$ |
| Subtraktion | $\frac{a}{b} - \frac{c}{d} = \frac{ad-bc}{bd}$ |
| Multiplikation | $\frac{a}{b} \cdot \frac{c}{d} = \frac{ac}{bd}$ |
| Division | $\frac{a}{b} / \frac{c}{d} = \frac{ad}{bc}$ |

*Binomische Formeln*

$(a+b)^2 = a^2 + 2ab + b^2$ $\qquad$ $(a-b)^2 = a^2 - 2ab + b^2$

$a^2 + b^2$ nicht zerlegbar (im Reellen) $\qquad$ $a^2 - b^2 = (a+b) \cdot (a-b)$

*Quadratische Gleichung*

$ax^2 + bx + c = 0 \ \ (a \neq 0)$ $\qquad$ $x_{1,2} = \frac{-b \pm \sqrt{b^2 - 4ac}}{2a}$

$x^2 + px + q = 0$ $\qquad$ $x_{1,2} = -\left(\frac{p}{2}\right) \pm \sqrt{\left(\frac{p}{2}\right)^2 - q}$

# Lösungen

**Lösungen Interpolation:**

a) $Z_3$: 1,228; 1,326; $f(z_3)$ =?

1,220 0,8888

10; 19 => $\frac{8}{10} \cdot 19 = \frac{152}{10}$ = 15,2 => 0,8888 + 0,00152 = 0,89032

1,230 0,8907

1,320 0,9049

10; 17 => $\frac{6}{10} \cdot 17 = \frac{102}{10}$ = 10,2 => 0,9049 + 0,00102 = 0,90592 = $f(z_3)$

1,330 0,9066

b) $f(z_3)$ : 0,8901; 0,9080 ; $z_3$ = ?

0,8901 0,8907

13; 19 => $\frac{13}{19} \cdot 10 = \frac{130}{19}$ = 6,8 => 1,220 + 0,0068 = 1,2268

0,8888 0,8888

0,9080 0,9082

14; 16 => $\frac{14}{16} \cdot 10 = \frac{140}{16}$ = 8,75 => 1,330 + 0,00875 = 1,33875 = $z_3$

0,9066 0,9066

c) z = 1,448 : f( z ) = ?

| Z | … | 3 | 4 | 5 |
|---|---|---|---|---|
| 1,2 | | 0,8907 | 0,8925 | 0,8944 |
| 1,3 | | | 0,9077 | |
| 1,4 | | | 0,9230 | 0,9244 |
| 1,5 | | 0,9370 | 0,9382 | 0,9394 |

0,8925 + 2 · 0,0152 = 0,9230

0,9394 – 0,8944 = 0,0450 => 0,0450/3

= 0,0150; 0,8944 + 0,0300 = 0,9244

0,9244 – 0,9230 = 0,0014; 0,0014 · 8/10

= 0,00112; 0,9230 + 0,00112 = 0,92412 = f(z)

**Lösungen Potenzrechnung:**

a) $4^2 \cdot\ 2^4\ \cdot 8^{-1}\ = 32$

b) $(x\ \cdot y)^{-3}\ (x^{-2}\ y - 3)^{-2} \cdot\ \frac{x^4 y^6}{x^3 y^6}\ = x$

c) $\sqrt[3]{16xy4}\ \cdot\ \sqrt[3]{4\,x^2 y^2}\ = \sqrt[3]{4^3 x^3 y^6}\ = 4xy^2$

d) $\sqrt[5]{\frac{x^3}{32}}\ \cdot\ \frac{1}{2}\ \ \sqrt[5]{x^3}\ = \frac{1}{2}\ x^{\frac{3}{5}}$

e) $(x^4\ \cdot\ y^8\ )^{-0{,}25}\ \cdot x\ \cdot\ 4^{-1} =\ \frac{x}{4 \cdot \sqrt[4]{x^4 \cdot y^8}} = \frac{1}{4 \cdot y^2}$

f) $(x^{0.2} \cdot y^2)^{-5} \cdot \left(\sqrt{x} \cdot y^2\right)^4 = \frac{x^2 \cdot y^8}{x \cdot y^{10}} = \frac{x}{y^2}$

g) $12^{-2} \cdot 2^3 \cdot 18 = \frac{8 \cdot 18}{144} = 1$

h) $\sqrt[4]{\frac{x^2}{81}} = \frac{\sqrt[4]{x^2}}{\sqrt[4]{81}} = \frac{(x^2)^{\frac{1}{4}}}{(3^4)^{\frac{1}{4}}} = \frac{(x)^{\frac{2}{4}}}{(3)^{\frac{4}{4}}} = \frac{\sqrt{x}}{3}$

i) $(10\,r^2 - 9rs - 22rt - 7\,s^2 + 27st + 4\,t^2) : (5r - 7s - t) = 2r + s - 4t$

$\underline{-(10r^2 - 14rs - 2rt)}$
$5rs - 20rt$
$\underline{-(5rs \quad - 7s^2 - st)}$
$-20rt + 28st + 4t^2$
$\underline{-(-20rt + 28st + 4t^2)}$
$0$

**Lösungen binomische Formeln:** Berechnen und vereinfachen Sie:

j) $(x+y)^2 - x^2 + y^2 - (x-y)^2 + x^2 - y^2 =$

$x^2 + 2xy + y^2 - x^2 + y^2 - (x^2 - 2xy + y^2) + x^2 - y^2 = 4xy$

k) $\frac{(x+y)^2}{x^2-y^2} - \frac{x^2-y^2}{(x-y)^2} =$

$$\frac{(x+y)^2}{(x-y)(x+y)} - \frac{(x-y)(x+y)}{(x-y)^2} = 0$$

**Lösungen Dualsystem:**

Man schreibe folgende Zahlen im Dualsystem: 7; 66, 479
LLL; L0000L0; LLL0LLLLL

Man bilde die Summen der Dualzahlen: L0L + LL; LLLLL + LLLLL
L0L + LL = L000
LLLLL + LLLLL = LLLLL0

Wie lauten die Produkte der Dual Zahlen? LL00 · LL; LLLLL · LLLLL
LL00 · LL = L00L00
LLLLL · LLLLL = LLLL00000L

**Lösungen Logarithmus:**

Logarithmus

ln 100 = 4,6
ln 10 = 2,3
ln 1 = 0

ln0,5 = - 0,693
ln 0,1= -2,3
ln 0,001 = -6,91

ln x

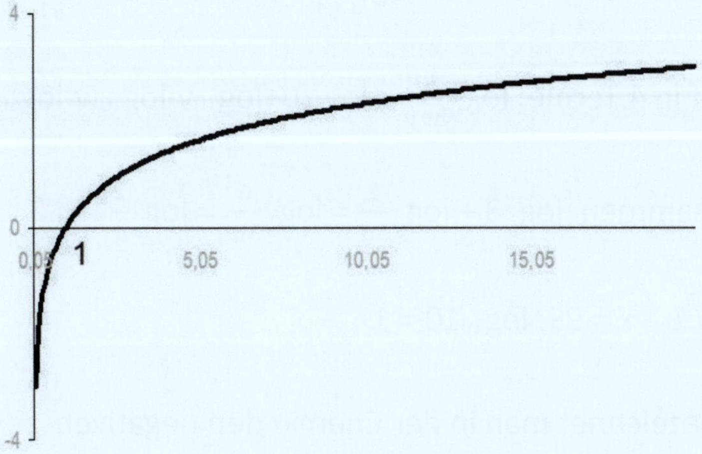

a) $3^{-x} = 1:81 \rightarrow ergibt\ x = 4$

b) $4^x = 32 \quad \rightarrow ergibt\ 4^x = 16 \cdot 2 = 4^2 \cdot 4^{0,5} = 4^{2,5}$

c) $4^{5x-2} = \frac{4^{5x}}{4^2} = 64 \quad \rightarrow ergibt\ für\ x = 1$

d) $\ln(e^x) = 13 \rightarrow x = 13$

e) $e^{\ln x} = 15$

$\ln e^{\ln x} = \ln 15$ | logarithmieren
$\ln x = \ln 15$ | entlogarithmieren
$x = 15$

f) $4^{x+1} = 2^{x+2} \quad \rightarrow x = 0$

g) Man schreibe in Form einer Exponentialgleichung:
$y = \log_3 4 \quad 3^y = 4$

h) Man schreibe logarithmisch: $10^x = 0{,}00001 \quad x = 0{,}00001$

i) Bestimmen Sie den Logarithmus: $\log_3 \frac{1}{81} = x$; $x = -4$; $3^{-4} = \frac{1}{81}$

j) Spalten Sie auf in 4 Terme: $\log_{10} \frac{uv}{wy} = \log_{10}u + \log_{10}v - \log_{10}w - \log_{10}y$

k) Fassen Sie zusammen: $\log_a 3 + \log_a \frac{2}{3a} = \log_a \frac{6}{3a} = \log_a \frac{2}{a}$

l) $\log_{10}\sqrt{x+1} = 1 \quad x = 99$; $\log_{10}10 = 1$

m) Als $p_H$-Wert bezeichnet man in der Chemie den negativen dekadischen Logarithmus der molaren Wasserstoffionenkonzentration $c_H$.

Wie groß ist $p_H$, wenn $c_H = 2{,}5 \cdot 10^{-4}$ ist?

0,0001 2,5 =0,00025; lg 0,00025= - 3,60206 => pH = 3,6206

Wie groß ist $c_H$, wenn $p_H = 2{,}5607$

$c_H = 10^{-2{,}5607} = 0{,}00275 = 2{,}75 \cdot 10^{-3}$

## Grundlagen II 151

**1.7 Summen- und Produktzeichen**

1.7.1 Summenzeichen

Zur Abkürzung der Schreibweise von Summen, in denen natürliche Zahlen vorkommen, führt man den griechischen Buchstaben ∑ als Summenzeichen ein.

Man schreibt die Summe der ersten 7 natürlichen Zahlen:

1+2+3+4+5+6+7 =
(gesprochen Summe aller i von i=1 bis i=7);

i ∈ Z (i= Summationsindex und gilt für alle ganzen Zahlen)

Es gibt eine untere und eine obere Summationsgrenze.

$$Rechenregeln\colon \sum_{k=m}^{n} a_i = a_m + \ a_{m+1} \ \ldots . a_n = \sum_{k=m}^{n} a_k$$

(Benennung des Summationsindex ist beliebig)

$$\sum_{i=m}^{n} c \cdot a_i = \ c \cdot \sum_{i=m}^{n} a_i$$

Eine multiplikative Konstante kann vor das Summenzeichen gezogen werden.

$$\sum_{i=m}^{n} (a_i \ \pm \ b_i) = \ \sum_{i=m}^{n} a_i \ \pm \ \sum_{i=m}^{n} b_i$$

Eine Summe aus zwei Summanden kann in zwei einzelne Summen zerlegt werden.

Doppelsumme:

$$\sum_{i=1}^{m} i \quad \sum_{j=1}^{n} a_{ij} = \sum_{j=1}^{n} j \quad \sum_{i=1}^{m} a_{ij} = \begin{pmatrix} a_{11} & + a_{12} + & a_{13} & + a_{1n} \\ +a_{21} & + a_{22} + & a_{23} & + a_{2n} \\ \vdots & \vdots & \vdots & \vdots \\ + a_{m1} & + a_{m2} + & a_{m3} & + a_{mn} \end{pmatrix}$$

$$\sum_{i=1}^{n} a_i \cdot \sum_{j=1}^{n} b_j = \sum_{i=1}^{n} \sum_{j=1}^{n} a_i b_j$$

Aufgaben: Schreiben Sie ausführlich:

$$\sum_{i=1}^{n} (-1)^{i+1} \cdot i^2 = +1^2 - 2^2 + 3^2 - \ldots + (-1)^{n+1} \cdot n^2$$ alternierende Reihe

**Aufgaben Summenzeichen:**

Schreiben Sie mit Summenzeichen:

a) $1 + 3 + 5 + 7 =$

b) $\frac{1}{2} + \frac{2}{4} + \frac{3}{8} + \frac{4}{16} + \cdots + \left(\frac{n}{2^n}\right)$

Berechnen Sie:

c) $\sum_{i=1}^{2} \cdot \sum_{j=1}^{3} 3i \cdot 5j$

d) $\sum_{i=4}^{9} \frac{i}{2i+1}$

### 1.7.2 Produktzeichen

Zur Abkürzung des Produktes vieler Zahlen kann das Zeichen Π benutzt werden.

$$a_1 \cdot a_2 \cdot a_3 \cdot \ldots a_n = \prod_{i=n}^{\pi} a_i$$

; Produkt aller $a_i$ für i von 1 bis n = Multiplikationsende

Produkt der natürlichen Zahlen:

$$1 \cdot 2 \cdot 3 \cdot 4 \ldots \cdot n = \prod^{n} i \quad = n!; \quad i \in N$$

Rechenregeln:

$$\prod_{i=1}^{n} c = c \cdot c \cdot c \cdot \ldots \cdot c = c^n \,; \quad c \in R;$$

$$\prod_{i=1}^{n} c \cdot a_i = c^n \cdot \prod_{i=1}^{n} a_i$$

$$\prod_{i=1}^{n} a_i \cdot b_i = \prod_{i=1}^{n} a_i \cdot \prod_{i=1}^{n} b_i$$

$$\prod_{i=1}^{n} a_i^2 = \left(\prod_{i=1}^{n} a_i\right)^2$$

Beispiele:

$$\prod_{i=1}^{3} 4a_i = 4a_1 \cdot 4a_2 \cdot 4a_3 = 4^3 a_i =>$$

$$\prod_{i=1}^{3} 4i = 64 \cdot 1 \cdot 2 \cdot 3 = 64 \cdot 6 = 384$$

**Aufgaben Produktzeichen:**

Schreiben Sie mit Produktzeichen und berechnen Sie:

$8 \cdot 15 \cdot 22 \cdot 29 \cdot 36 \cdot 43 =$

Berechnen Sie:

| i | 1 | 2 | 3 | 4 |
|---|---|---|---|---|
| $x_i$ | 5 | 2 | 1 | 2 |
| $y_i$ | 1 | 4 | 3 | 1 |
| | | | | |

$$\prod_{i=1}^{4} x_i y_i$$

a) Berechnen Sie das Produkt
b) Berechnen Sie das Produkt, indem Sie die Konstante nach vorne ziehen

$$\prod_{i=1}^{8} (2i)$$

**1.8 Der binomische Lehrsatz**

Unter einem Binom versteht man eine Summe aus zwei Gliedern (Summanden) der allgemeinen Form a+b. Die n-te Potenz eines solchen Binoms lässt sich dabei nach dem binomischen Lehrsatz wie folgt entwickeln:

$(a+b)^n = a^n + \binom{n}{1} a^{n-1} \cdot b^1 + \binom{n}{2} a^{n-2} \cdot b^2 + \ldots + \binom{n}{n-1} a^1 \cdot b^{n-1} + b^n$;
$(n \in N)$

Ihr Bildungsgesetz lautet:

$\binom{n}{k} = \frac{n!}{k!(n-k)!}$ ; ergänzend wird $\binom{n}{0} = 1$ gesetzt.

Die Entwicklungskoeffizienten $\binom{n}{k}$ heißen Binominal-koeffizienten. Der binomische Lehrsatz kann auch unter Verwendung des Summenzeichens in der Form

$(a+b)^n = \binom{n}{k} a^{n-k} \cdot b^k$ dargestellt werden.

**Pascalsches Dreieck**

Die Binominalkoeffizienten $\binom{n}{k}$ können auch direkt aus dem folgenden sogenannten Pascalschen Dreieck abgelesen werden (Bildungsgesetz: Jede Zahl ist die Summe der beiden unmittelbar links und rechts über ihr stehenden Zahlen):

Der Koeffizient steht dabei in der (n+1)-ten Zeile an (k+1)-ter Stelle.

| Zeile | |
|---|---|
| 1 | 1 |
| 2 | 1 1 |
| 3 | 1 2 1 |
| 4 | 1 3 3 1 |
| 5 | 1 4 6 4 1 |
| 6 | 1 5 10 10 5 1 |
| | 1 6 15 20 15 6 1 |

Beispiel:
Der Binominalkoeffizient $\binom{6}{4}$

$\binom{6}{4}$ steht in der 7. Zeile an der 5.Stelle und besitzt den Wert 15.

$\binom{n}{k} = \frac{n!}{k!(n-k)!}$ ; $\binom{6}{4} = \frac{6!}{4!(6-4)!} = 15$

## Muster im Dreieck

1 ← 1

1 1 ← 2

1 2 1 ← 4

1 3 3 1 ← 8

1 4 6 4 1 ← 16

1 5 10 10 5 1 ← 32

1 6 15 20 15 6 1 ← 64

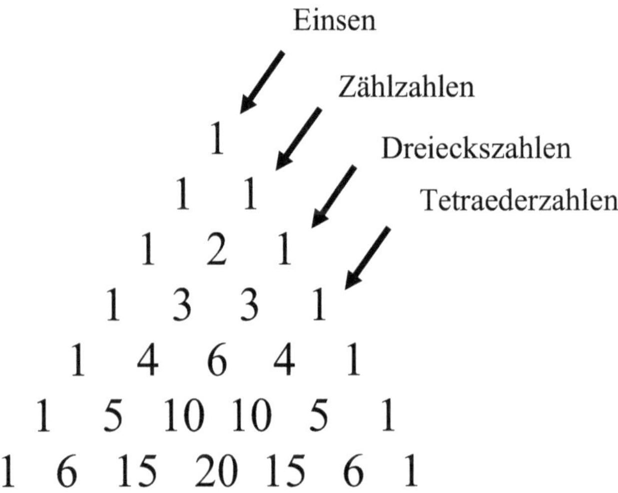


1 ← $11^0$

1 1 ← $11^1$

1 2 1 ← $11^2$

1 3 3 1 ← $11^3$

1 4 6 4 1 ← $11^4$

1 5 10 10 5 1

1 6 15 20 15 6 1

Für n=2 erhalten wir die folgenden aus der Schulmathematik bereits bekannten Formeln:

1.Binom $(a + b)^2 = a^2 + \binom{2}{1} ab + b^2 = a^2 + 2ab + b^2$

2.Binom $(a - b)^2 = a^2 - \binom{2}{1} ab + b^2 = a^2 - 2ab + b^2$

**Aufgaben Binomische Formel:**

1) Entwickeln Sie das Binom für n = 3:

2) Entwickeln Sie das Binom $(2x \pm 5y)^3$ nach fallenden Potenzen von x:

3) Berechnen Sie den Binominalkoeffizienten:

$\binom{8}{3} =$ $\binom{10}{4} =$

4) Geben Sie das 5.Glied in der Entwicklung von $(2a + 3b)^5$ an.

5) Wie lautet das 3. Glied des Binoms $(a + b)^{20}$

**1.9 Termumformungen**

**Aufgaben Termumformungen:**

1) $W = \frac{\pi}{32} \cdot \frac{D^2 - d^2}{D}$ ; d=?, D=?

2) Lösen Sie nach a) y und b) n auf:

$(1-m)^y / [1-(1-m)^y] = (1-n) / n$

3) Lösen Sie nach n auf: $B = \frac{r}{q^{n-1}} \cdot \frac{q^n - 1}{q - 1}$

4) Lösen Sie nach x auf: $y = \frac{\sqrt{e^x}}{e^x + 1}$

## 1.10 Einheiten

1. SI-Basiseinheiten (Internationales Einheitssystem)

Länge: Meter(m), Masse: Kilogramm(kg), Zeit: Sekunde(s)
Elektrische Stromstärke: Ampère (A), elektrische Ladung: Coulomb (1 C = 1 As)

Temperatur: Kelvin(k), Stoffmenge: Mol (mol)
Lichtstärke: Candela (cd)

Alle weiteren Einheiten sind abgeleitet worden!

2. Dezimale Vielfache und Teile der SI-Einheiten

| | | |
|---|---|---|
| $10^{12}$ Tera (T) | $10^2$ Hekto (h) | $10^{-3}$ Milli (m) |
| $10^9$ Giga (G) | $10^1$ Deka (d) | $10^{-6}$ Mikro ($\mu$) |
| $10^6$ Mega (M) | $10^{-1}$ Dezi (d) | $10^{-9}$ Nano (n) |
| $10^3$ Kilo (k) | $10^{-2}$ Zenti (c) | $10^{-12}$ Piko (p) |

3. Größen- und Zahlenwertgleichungen

   a) In einer Größengleichung wird eine Beziehung zwischen Größen dargestellt. Die Auswertung der Größengleichung v = s/t liefert immer das gleiche Ergebnis, unabhängig davon, in welcher Einheit s, v, und t eingesetzt werden.

   b) Zahlenwertgleichungen geben die Beziehungen zwischen Zahlenwerten von Größen wieder. Zahlenwertgleichungen erfordern immer die zusätzliche Angabe der Einheiten, für die die Zahlenwerte gelten. Zahlenwertgleichungen müssen als solche gekennzeichnet werden, z.B.: v= 3,6 · $\frac{s}{t}$ mit v in km/h, s in m und t in s.

4. Längen:

1km = 1000 m
1m = 10 dm
1 dm = 10 cm
1 cm = 10 mm
1 Seemeile (Sm) = 1,852 km

5. Fläche:

1 km² = $10^6$ m²
1m² = 100 dm²
1 dm² = 100 cm²
1 cm² = 100 mm²
1 a = 100 m²
1 ha = 100 a = $10^4$ m²

6. Volumen:

1 m³ = 1000dm³
1 dm³ = 1000 cm³
1 cm³ = 1000 mm³
1 l = 1 dm³
1 hl = 100 l = 100 dm³

7. Masse, Dichte:

1 t = 1000 kg
1 kg = 1000 g
1 g = 1000 mg
1 dz = 100 kg
$\rho = 1 \frac{kg}{m^3} = 1 \frac{g}{dm^3}$

8. Winkel:

1° = 60′
1′ = 60″
Radiant: 1 rad $= \frac{180}{\pi}$ = 57,3°
2 $\pi$ rad = 360°

9. Zeit:

1 Jahr = 12 Monate = 365 d
1 d = 24 h
1 h = 60 min
1 min = 60 sek

10. Frequenz:

1 Hertz (Hz) = $\frac{1}{s}$
Drehzahl: $\frac{1}{s}$ ; $\frac{1}{min}$

11. Geschwindigkeit, Beschleunigung:

$1 \frac{m}{s} = 3{,}6 \frac{km}{h}$
1 Knoten (kn) = 1 $\frac{sm}{h}$
Beschleunigung: 1 $\frac{m}{s^2}$
Erdbeschleunigung g = 9,81 $\frac{m}{s^2}$
Winkelgeschwindigkeit: $\frac{rad}{s}$
Winkelbeschleunigung: $\frac{rad}{s^2}$

12. Kraft, Druck:

1 Newton (N) = 1 kg $\frac{m}{s^2}$

1 Pascal = 1 $\frac{N}{m^2}$ = 1 $\frac{kg}{s^2 m}$

13. Temperatur:

Kelvin K

Celsius in °C

1 K = 1°C

$t = T - T_0$

$T_0 = 273{,}15$ K

14. Energie, Arbeit:

1 Joule = 1 Nm = W

## 1.11 Gleichungen

1.11.1 Prozent-/Zinsrechnung

a= b · $\frac{p}{100}$; b= Grundwert; a = Prozentwert;

p* = $\frac{p}{100}$; p = Prozentsatz

1.11.2 Dreisatz

a) Proportionale Zuordnung:

25 m Stoff kosten 65 €; Wieviel m gibt es für 19,50 €?

65 € ≙ 25 m => 1 € = $\frac{25}{65}$; 19,5 € = $\frac{25m}{65€}$ · 19,5 € = 7,5 m

oder: x = $\frac{25 \cdot 19{,}5}{65}$ oder als Proportionalgleichung:

$\frac{65}{19{,}5} = \frac{25}{x}$ => x = $\frac{25 \cdot 19{,}5}{65}$

b) Antiproportionale Zuordnung

Eine Arktisstation mit 12 Personen kommt mit der Verpflegung 36 Tage aus.

Wie lange reicht die Verpflegung bei 9 Personen?

12 P ≙ 36d => 1 P ≙ 36 · 12; 9 P => $\frac{36 \cdot 12}{9}$ = 48 d = x

### 1.11.3 Gleichungen 1. Grades mit einer Unbekannten

**Aufgaben Gleichungen 1. Grades:**

a) Lösen Sie nach x auf: $\frac{1}{x} = \frac{1}{a} + \frac{1}{b}$

b) Lösen Sie nach c auf:

$m = \frac{m_0}{\sqrt{1-(\frac{v}{c})^2}}$ ;

### 1.11.4 Gleichungen 1. Grades mit 2 Unbekannten

Elimination einer Variablen mit dem Additions-, Gleichsetzungs- oder Einsetzungsverfahren

a) Additionsverfahren

$3x + 4y = 11 \quad | \cdot 10$

$10x - 18y = 21 \quad | \cdot -3$

$30x + 40y = 110$

$-30x + 54y = -63$

$94y = 47$

$y = \frac{47}{94} = \frac{1}{2}$

$3x = 11 - 4y$

$x = \frac{11-4y}{3} = \frac{11-4\cdot\frac{1}{2}}{3} = 3$

b) Gleichsetzungsverfahren

$3x + 4y = 11 \quad | \cdot 10$

$10x - 18y = 21 \quad | \cdot 3$

$30x + 40y = 110$

$30x - 54y = 63$

$30x = 110 - 40y$

$30x = 63 + 54y$

$110 - 40y = 63 + 54y$

$94y = 47 \Rightarrow y = \frac{47}{94} = \frac{1}{2}$

c) Einsetzungsverfahren

$3x = 11 - 4y$

$x = \frac{11-4y}{3}$

$10x - 18y = 21$

$10\left(\frac{11-4y}{3}\right) - 18y = 21$

$\frac{110}{3} - \frac{40y}{3} - \frac{54y}{3} = \frac{63}{3} \quad | \cdot 3$

$47 = 94y \Rightarrow y = \frac{1}{2}$

**Aufgaben 1. Grades mit 2 Unbekannten:**

Berechnen Sie mit der Additionsmethode:

$$8x + 3y = 23$$
$$7x + 4y = 16$$

Berechnen Sie mit der Gleichsetzungsmethode:

$$13x + 4y = 28$$
$$12x - 6y = 21$$

Berechnen Sie mit der Einsetzungsmethode:

$$3x + 2y = 16$$
$$2x + 5y = 29$$

1.11.5 Gleichungen 1. Grades mit 3 Unbekannten

Aufgabe mit 3 Gleichungen:

$$3x - y + 4z = 13$$
$$x + 6y - 5z = -2$$
$$-4x + 2y + z = 3$$

1.11.6 Gleichungen 2. Grades mit einer Variablen

Überführung in die Normalform $x^2 + px + q = 0$

a) Quadratische Ergänzung

$$2x^2 - 3x - 2 = 0 \quad | :2$$
$$x^2 - \frac{3}{2}x - 1 = 0$$
$$x^2 - \frac{3}{2}x = 1 \quad | + (\frac{3}{4})^2$$
$$x^2 - \frac{3}{2}x + (\frac{3}{4})^2 = 1 + (\frac{3}{4})^2$$
$$(x - \frac{3}{4})^2 = \frac{16}{16} + \frac{9}{16} = \frac{25}{16} \quad | \sqrt{\phantom{x}}$$
$$x - \frac{3}{4} = \pm \frac{5}{4} \Rightarrow$$
$$x_1 = 2; \quad x_2 = -\frac{1}{2}$$

b) Satz von Vieta

$$x_{1,2} = -\frac{p}{2} \pm \sqrt{\left(\frac{p}{2}\right)^2 - q}$$
$$2x^2 - 3x - 2 = 0 \quad | :2$$
$$x^2 - \frac{3}{2}x - 1 = 0$$
$$x_{1,2} = +\frac{3}{4} \pm \sqrt{\left(\frac{3}{4}\right)^2 + 1}$$
$$x_{1,2} = +\frac{3}{4} \pm \sqrt{\frac{25}{16}}$$
$$x_1 = 2; \quad x_2 = -\frac{1}{2}$$

c) Mitternachtsformel

$x_{1,2} = \frac{-b \pm \sqrt{b^2 - 4ac}}{2a}$

$2x^2 - 4x - 48 = 0$

$x_{1,2} = \frac{4 \pm \sqrt{4^2 + 4 \cdot 2 \cdot 48}}{2 \cdot 2}$

$x_{1,2} = \frac{4 \pm 20}{4} =>$

$x_1 = 6; x_2 = -4$

d) Substitution:

$x^4 + 2x^2 - 276 = 12 \mid z = x^2$

$z^2 + 2z - 288 = 0$

$z_{1,2} = -1 \pm \sqrt{(-1)^2 + 288}$

$z_{1,2} = -1 \pm 17$

$z_1 = -18$ (Wurzel => imaginär)

$z_2 = 16$

$\Rightarrow x^2 = 16$

$\Rightarrow x_1 = 4 ; x_2 = -4$

**Aufgaben Gleichungen 2. Grades:**

a) $6x^2 + 7x = 3$
Lösen Sie mit der Mitternachtsformel

b) $6x^2 + 7x = 3$
Lösen Sie mit der p,q-Formel

# Lösungen

**Lösungen Summenzeichen:**

Schreiben Sie mit Summenzeichen:

a) $1 + 3 + 5 + 7 \ldots. = \sum_{k=1}^{n}(2k-1)$

b) $$\frac{1}{2} + \frac{2}{4} + \frac{3}{8} + \frac{4}{16} + \cdots + \left(\frac{n}{2^n}\right) = \sum_{k=1}^{n}\frac{k}{2^k} = \sum_{k=2}^{n+1}\frac{k-1}{2^{k-1}}$$

c) $$\sum_{i=1}^{2}\sum_{j=1}^{3} 3i \cdot 5j = 15\sum_{i=1}^{2}\sum_{j=1}^{3} i \cdot j$$

$$= 15 \cdot \begin{pmatrix} 1 \cdot 1 + 1 \cdot 2 + 1 \cdot 3 \\ +2 \cdot 1 + 2 \cdot 2 + 2 \cdot 3 \end{pmatrix} = 15 \cdot 18 = 270$$

d) $$\sum_{i=4}^{9}\frac{i}{2i+1} = \frac{4}{9} + \frac{5}{11} + \frac{6}{13} + \frac{7}{15} + \frac{8}{17} + \frac{9}{19} = 2{,}7715$$

**Lösungen Produktzeichen:**

Aufgaben:

Schreiben Sie mit Produktzeichen und berechnen Sie:

$$8 \cdot 15 \cdot 22 \cdot 29 \cdot 36 \cdot 43 = \prod_{i=1}^{6}(7i+1)$$

= 118.514.880

Berechnen Sie:

| i | 1 | 2 | 3 | 4 |
|---|---|---|---|---|
| $x_i$ | 5 | 2 | 1 | 2 |
| $y_i$ | 1 | 4 | 3 | 1 |

$$\prod_{i=1}^{4} x_i y_i$$

$$= 5 \cdot 1 \cdot 2 \cdot 4 \cdot 1 \cdot 3 \cdot 2 \cdot 1 = 5 \cdot 8 \cdot 3 \cdot 2 = 240$$

a) Berechnen Sie das Produkt

$$\prod_{i=1}^{8}(2i) = 2 \cdot 4 \cdot 6 \cdot 8 \cdot 10 \cdot 12 \cdot 14 \cdot 16 = 10.321.920$$

b) Berechnen Sie das Produkt, indem Sie die Konstante nach vorne ziehen

$= 2^8 \cdot 8! = 10.321.920$

**Lösungen Binomische Formel:**

1) : Entwickeln Sie das Binom für n = 3:

$$(a + b)^3 = a^3 + \binom{3}{1} a^2b + \binom{3}{2} ab^2 + b^3 = a^3 + 3a^2b + 3ab^2 + b^3$$

$$(a - b)^3 = a^3 - \binom{3}{1} a^2b + \binom{3}{2} ab^2 - b^3 = a^3 - 3a^2b + 3ab^2 - b^3$$

2) Entwickeln Sie das Binom $(2x \pm 5y)^3$ nach fallenden Potenzen von x:

$$(2x \pm 5y)^3 = (2x)^3 \pm 3(2x)^2 (5y) + 3(2x)(5y)^2 \pm (5y)^3$$

$$= 8x^3 \pm 60x^2y + 150xy^2 \pm 125y^3$$

3) Wir berechnen den Wert der Potenz $104^3$ mit Hilfe des Binomischen Lehrsatzes, wobei wir zunächst die Basiszahl 104 als Summe der Zahlen 100 und 4 darstellen:

$$104^3 = (100 + 4)^3 = 100^3 + \binom{3}{1} 100^2 \cdot 4^1 + \binom{3}{2} 100^1 \cdot 4^2 + 4^3$$

$$= 1.000.000 + 3 \cdot 10.000 \cdot 4 + 3 \cdot 100 \cdot 16 + 64$$

$$= 1.000.000 + 120.000 + 4.800 + 64 = 1.124.864$$

4) Berechnen Sie die Binominalkoeffizienten:

$$\binom{8}{3} = \frac{8!}{3!(8-3)!} = \frac{8!}{3! \cdot 5!} = \frac{6 \cdot 7 \cdot 8}{1 \cdot 2 \cdot 3} = 7 \cdot 8 = 56$$

$$\binom{10}{4} = \frac{10!}{4!(10-4)!} = \frac{10!}{4! \cdot 6!} = \frac{7 \cdot 8 \cdot 9 \cdot 10}{1 \cdot 2 \cdot 3 \cdot 4} = \frac{7 \cdot 10 \cdot 6}{2} = \frac{420}{2} = 210$$

5) Geben Sie das 5.Glied in der Entwicklung von $(2a + 3b)^5$ an.

$x = 2a$; $y = 3b$; $(x + y)^5$ => 4. Koeffizient = $K_4$; n=5, k =4

$$a_5 = \binom{5}{4} xy^4 = \frac{5!\cdot 2a\cdot(3b)^4}{4!1!} = 5 \cdot 2a \cdot 81b^4 = 810\ ab^4$$

6) Wie lautet das 3. Glied des Binoms $(a + b)^{20}$

$K_2$; n=20; i=2

$$(a+b)^n = \binom{n}{i} a^{n-i} \cdot b^i;\ k_2 = \binom{20}{2} = \frac{19 \cdot 20}{2!} = 190$$

3. Glied $a_3 = 190\ a^{18}\ b^2$

**Lösungen Termumformungen:**

1) $W = \frac{\pi}{32} \cdot \frac{D^2-d^2}{D}$ ; d=? ; D=?

$$\Rightarrow \frac{32DW}{\pi} = D^2 - d^2;\ d = \sqrt{D^2 - \frac{32DW}{\pi}}$$

$$\Rightarrow D^2 - \frac{32DW}{\pi} - d^2 = 0 \Rightarrow D_{1,2} = \frac{16W}{\pi} \pm \sqrt{\left(\frac{16W}{\pi}\right)^2 + d^2}$$

2) Lösen Sie nach a) y und b) n auf:

$(1\text{-}m)^y / [1\text{-}(1\text{-}m)^y] = (1\text{-}n) / n$

a) Nach y

$n(1\text{-}m)^y = (1\text{-}n) \cdot [1\text{-}(1\text{-}m)^y]$

$n(1\text{-}m)^y = 1 - n - (1\text{-}n) \cdot (1\text{-}m)^y$

$y \lg(1-m) = \lg(1-n) \Rightarrow y = \frac{\lg(1-n)}{\lg(1-m)}$

$n(1-m)^y + (1-n) \cdot (1-m)^y = 1 - n$

$(1-m)^y (n + 1 - n) = 1 - n \mid \lg$

b) Nach n

$(1-m)^y (n + 1 - n) = 1 - n$

$n = 1 - (1-m)^y$

3) Lösen Sie nach n auf: $B = \frac{r}{q^{n-1}} \cdot \frac{q^n - 1}{q-1}$

$B = \frac{r}{q^{n-1}} \cdot \frac{q^{n-1} - 1}{q - 1} \quad \mid \; q^{n-1} \cdot (q-1)$

$B \cdot q^{n-1} \cdot (q^1 - 1) = r \cdot (q^n - 1)$

$B \cdot q^n - B \cdot q^{n-1} = rq^n - r$

$B \cdot q^n - B \cdot q^{n-1} - rq^n = -r$

$q^n (B - Bq^{-1} - r) = -r$

$q^n = \frac{-r}{B - Bq^1 - r} \mid \cdot (-1)$

$q^n = \frac{r}{r + B(\frac{1}{q} - 1)} \mid \; \ln$

$n \ln q = \ln \frac{r}{r + B(\frac{1}{q} - 1)} \quad \Rightarrow \quad n = \frac{\ln \frac{r}{r + B(\frac{1}{q} - 1)}}{\ln q}$

4) Lösen Sie nach x auf: $y = \frac{\sqrt{e^x}}{e^x+1}$

$$y\,(e^x + 1) = \sqrt{e^x}$$

$$\Rightarrow\ ye^x + y = \sqrt{e^x} \qquad |\,(\,)^2$$

$$(ye^x + y)^2 = e^x$$

$$y^2e^{2x} + 2y^2e^x + y^2 = e^x$$

$$y^2e^{2x} + 2y^2e^x + y^2 - e^x = 0$$

$$y^2e^{2x} + e^x(2y^2 - 1) + y^2 = 0 \ |:y^2$$

$$e^{2x} + e^x\frac{(2y^2-1)}{y^2} + 1 = 0$$

$$e^x{}_{1,2} = -\frac{(2y^2-1)}{2y^2} \pm \sqrt{\left(\frac{2y^2-1}{2y^2}\right)^2 - 1}$$

$$e^x{}_{1,2} = \frac{(1-2y^2)}{2y^2} \pm \sqrt{\left(\frac{2y^2-1}{2y^2}\right)^2 - 1}$$

$$e^x{}_{1,2} = \left(\frac{1}{2y^2} - 1\right) \pm \sqrt{\left(1 - \frac{1}{2y^2}\right)^2 - 1}$$

$$e^x{}_{1,2} = \left(\frac{1}{2y^2} - 1\right) \pm \sqrt{1 - \frac{1}{y^2} + \frac{1}{4y^4} - 1}$$

$$e^x{}_{1,2} = \left(\frac{1}{2y^2} - 1\right) \pm \sqrt{\frac{1}{y^2}\left(\frac{1}{4y^2} - 1\right)}$$

$$\ln e^x{}_{1,2} = \ln\left[\left(\frac{1}{2y^2} - 1\right) \pm \sqrt{\frac{1}{y^2}\left(\frac{1}{4y^2} - 1\right)}\right]$$

$$x_{1,2} = \ln\left[\left(\frac{1}{2y^2} - 1\right) \pm \sqrt{\frac{1}{y^2}\left(\frac{1}{4y^2} - 1\right)}\right]$$

**Lösungen Gleichungen 1. Grades:**

a) Lösen Sie nach x auf: $\frac{1}{x} = \frac{1}{a} + \frac{1}{b}$

$$=> x = \frac{1}{\frac{1}{a} + \frac{1}{b}} = \frac{1}{\frac{b+a}{a \cdot b}} = \frac{a \cdot b}{a+b}$$

b) Lösen Sie nach c auf:

$m = \frac{m_0}{\sqrt{1-(\frac{v}{c})^2}}$ ;

$$\sqrt{1 - (\frac{v}{c})^2} = \frac{m_0}{m} \quad | ()^2$$

$$1 - (\frac{v}{c})^2 = (\frac{m_0}{m})^2$$

$$(\frac{v}{c})^2 = 1 - (\frac{m_0}{m})^2 \; | \; \sqrt{\;}$$

$$\frac{v}{c} = \sqrt{1 - (\frac{m_0}{m})^2} => c = \frac{v}{\sqrt{1-(\frac{m_0}{m})^2}}$$

**Lösungen 1.Grades mit 2 Unbekannten:**

Berechnen Sie mit der Additionsmethode:

8x + 3y = 23
7x + 4y = 16

8x + 3y = 23 | · 4
7x + 4y = 16 | · -3
32x + 12y = 92
-21x - 12y = -48
11x = 44
<u>x = 4</u>

8 · 4 +3y = 23 | -32
3y = -9
<u>y = -3</u>

Berechnen Sie mit der Gleichsetzungsmethode:

13x + 4y = 28; 12x - 6y = 21

$13x + 4y = 28 \quad | \cdot 3$
$12x - 6y = 21 \quad | \cdot -2$

$39x + 12y = 84$
$-24x + 12y = -42$

$12y = 84 - 39x$
$12y = -42 + 24x$

$84 - 39x = -42 + 24x$
$126 = 63x$
$x = 2$

x=2 in die erste Gleichung eingesetzt ergibt:
$26 + 4y = 28 \Rightarrow 4y = 2; \; y = \frac{1}{2}$

Berechnen Sie mit der Einsetzungsmethode:

$3x + 2y = 16$
$2x + 5y = 29$

erste Gleichung umgestellt nach
$x = \frac{29-5y}{2}$
und in die zweite eingesetzt, ergibt:

$3\left(\frac{29-5y}{2}\right) + 2y = 16 \; | \cdot 2$

$87 - 15y + 4y = 32$

$11y = 55 \Rightarrow y = 5$

y= 5 in 3x + 2y =16 ergibt:
$3x = 6 \Rightarrow x = 2$

Aufgabe mit 3 Gleichungen:

$$3x - y + 4z = 13$$
$$x + 6y - 5z = -2$$
$$-4x + 2y + z = 3$$

*1.Schritt:* zweite Gleichung multipliziert

$$x + 6y - 5z = -2 \quad | \cdot (-3)$$

ergibt:

$$-3x - 18y + 15z = 6$$

zur ersten addiert ergibt:

$$3x - y + 4z = 13$$
$$-19y + 19z = 19$$

*2. Schritt:* zweite Gleichung multipliziert

$$x + 6y - 5z = -2 \quad | \cdot (4)$$

ergibt:

$$4x + 24y - 20z = -8$$

zur dritten addiert:

$$4x + 24y - 20z = -8$$
$$-4x + 2y + z = 3$$

ergibt: $26y - 19z = -5$

$$-19y + 19z = 19$$
$$7y = 14$$
$$\underline{y = 2}$$

*3. Schritt:* erste Gleichung umgestellt und y =2 eingesetzt ergibt:

$$3x + 4z = 13 + y = 15$$

zweite Gleichung umgestellt und y=2 eingesetzt und multipliziert ergibt:

$$x - 5z = -2 - 6y = -14 \quad | \cdot (-3)$$

$-3x + 15z = 42$ plus

$3x + 4z = 15$ ergibt:

$19z = 57 \Rightarrow \underline{z = 3}$

*4. Schritt:* Y=2 und z= 3 in Gleichung zwei eingesetzt ergibt:

$x + 6y - 5z = -2 \Rightarrow x = -2 - 12 + 15 \Rightarrow \underline{x = 1}$

**Lösungen Gleichungen 2. Grades:**

a) $6x^2 + 7x = 3$

Lösen Sie mit der Mitternachtsformel

$6x^2 + 7x - 3 = 0$

$$x_{1,2} = \frac{-b \pm \sqrt{b^2-4ac}}{2a}$$

$$x_{1,2} = \frac{-7 \pm \sqrt{49+4\cdot 6\cdot 3}}{2\cdot 6}$$

$$x_{1,2} = \frac{-7 \pm \sqrt{121}}{12}$$

$$x_1 = \frac{1}{3}\,;\ x_2 = -\frac{3}{2}$$

b) $6x^2 + 7x = 3$

Lösen Sie mit der p, q-Formel

$6x^2 + 7x - 3 = 0 \quad | :6$

$$x^2 + \frac{7}{6}x - \frac{1}{2} = 0$$

$$x_{1,2} = -\frac{7}{12} \pm \sqrt{\left(\frac{7}{12}\right)^2 + \frac{1}{2}}$$

$$x_{1,2} = -\frac{7}{12} \pm \sqrt{\frac{49}{144} + \frac{72}{144}}$$

$$x_{1,2} = -\frac{7}{12} \pm \sqrt{\frac{121}{144}} = -\frac{7}{12} \pm \frac{11}{12}$$

$$x_1 = \frac{1}{3}\,;\ x_2 = -\frac{3}{2}$$

Grundlagen III 175

1.11.7 Wurzelgleichungen

Lösen von Wurzelgleichungen erfolgt durch Potenzieren => Beseitigung der Wurzeln

=> Erhöhung der Anzahl von Lösungen => Problem von Scheinlösungen => Kontrolle!

**Aufgaben Wurzelgleichungen:**

a) $x = 3$ | $(\,)^2$ => $x^2 = 9$ | $\sqrt{\ }$ => $x_1 = 3$ ; $x_2 = -3$ falsch!

b) $\sqrt{x-1+\sqrt{2x+5}} - 2 = 0$

c) $\sqrt{60+4x} + 2\sqrt{x} = 10$

d) $\sqrt{x-2016} + \sqrt{y-56} = 11;$ $x + y = 2193$

1.11.8 Gleichungen 2./3. Grades mit 2 Variablen

Solche Gleichungen treffen z.B. bei der Bestimmung von Extremwerten bei Funktionen mit 2 Variablen auf:

**Aufgabe 2 Variablen**

$z(x, y) = x^2y^2(1 - x - y) = x^2y^2 - x^3y^2 - x^2y^3$ ;

$\frac{\partial f}{\partial x} = 0; \frac{df}{dy} = 0; \frac{\partial^2 f}{\partial x^2} \neq 0$ ; $\frac{\partial^2 f}{\partial y^2} \neq 0$

$2y^2x - 3y^2x^2 - 2y^3x = 0$ => $x_1 = 0; x_2 =?$

$2x^2y - 2x^3y - 3x^2y^2 = 0$ => $y_1 = 0; y_2 =?$

### 1.11.9 Gleichungen 3. Grades und höheren Grades mit einer Variablen

Zur Lösung von Gleichungen 3. und höheren Grades greift man zur Bestimmung von Nullstellen auf grafische Verfahren, Linearfaktorzerlegung oder Näherungsverfahren zurück. Zur Bestimmung von Nullstellen über grafische Verfahren wird eine Wertetabelle sowie ein Graph erstellt und daraus die Nullstellen bestimmt.

#### 1.11.9.1 Linearfaktorzerlegung

a) Bei der Linearfaktorzerlegung vermutet man mindestens eine ganzzahlige Lösung. Der Term ist in möglichst viele Linearfaktoren zu zerlegen (Faktorisierung).

b) direkte Entnahme der Lösungen; Zerlegung des absoluten Gliedes in Primfaktoren und deren Vielfache z.B.:

$(x-2)(x+3) = x^2 + x - 6 = 0$ Absolutes Glied ist 6.

Primfaktoren sind: $(\pm 1)$, $(\pm 2)$, $(\pm 3)$, $(\pm 6)$

Beispiel:

$x^3 + 3x^2 - 13x - 15 = 0$ => 15: $(\pm 1)$, $(\pm 3)$, $(\pm 5)$, $(\pm 15)$

⇨ 1. Nullstelle ist -1. Probe: $-1 + 3 + 13 - 15 = 0$

$x_1 = -1$ => 1. Linearfaktor ist $(x + 1)$.

Bestimmung der weiteren Nullstellen:

$$
\begin{array}{l}
(x^3 + 3x^2 - 13x - 15) : (x + 1) = x^2 + 2x - 15 \\
\underline{-(x^3 + x^2)} \\
\quad 2x^2 - 13x \\
\quad \underline{-(2x^2 + 2x)} \\
\qquad -15x - 15 \\
\qquad \underline{-(-15x - 15)} \\
\qquad\qquad 0
\end{array}
$$

$x^2 + 2x - 15 = 0$

$x_{2,3} = -1 \pm \sqrt{1 + 15}$

$x_{2,3} = -1 \pm 4$

$x_2 = 3$; $x_3 = -5$

$(x + 1) \cdot (x + 5) \cdot (x - 3) = 0$

$= x^3 + 3x^2 - 13x - 15$

**Aufgaben Linearfaktorzerlegung:**

Finden Sie die Nullstellen folgender Gleichung durch Linearfaktorzerlegung:

$$x^3 + 4x^2 + x - 6 = 0$$

1.11.9.2 Das Horner Schema

Berechnung von Polynomwerten mit Hilfe des Horner Schemas

Beispiel (Polynom 4. Grades):

$f(x) = a_4x^4 + a_3x^3 + a_2x^2 + a_1x + a_0$

Idee:

$f(x) = x(x(x(a_4x + a_3) + a_2) + a_1) + a_0$

$f(x) = 3x^4 - 2x^3 + 5x^2 - 7x - 12$ an der >Stelle $x_0 = 2$

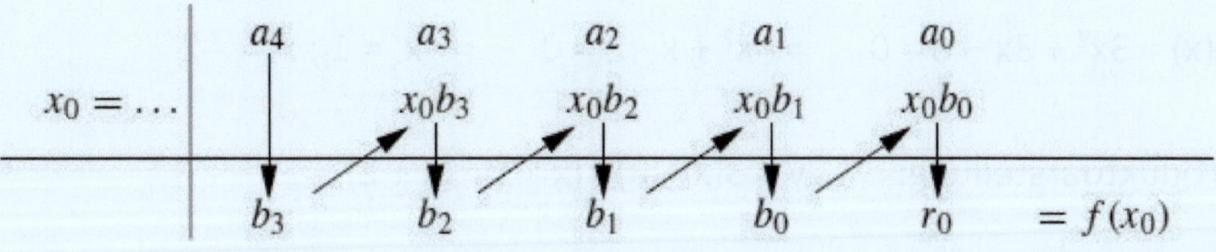


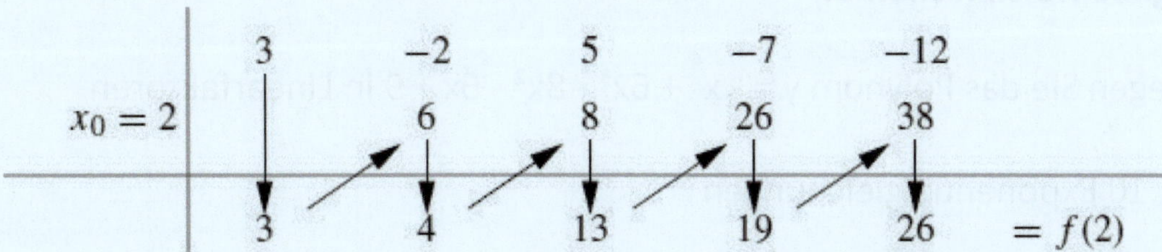

Unter Verwendung des Horner Schemas ist zu zeigen, dass die Polynomfunktion $y = 3x^3 + 18x^2 + 9x = 30$ an der Stelle $x_1 = -5$ eine Nullstelle besitzt.

a) Wo liegen die übrigen Nullstellen?

b) Wie lautet die Produktdarstellung der Funktion?

*Horner Schema*

| | 3 | 18 | 9 | - 30 |
|---|---|---|---|---|
| $x_1 = -5$ | - 15 | - 15 | 30 | |
| | 3 | 3 | - 6 | 0 |

Koeffizienten des 1. reduzierten Polynoms $\qquad f(-5) = 0$

Die restlichen Nullstellen sind die Nullstellen des 1. reduzierten Polynoms

$f_1(x) = 3x^2 + 3x - 6 = 0 \quad => x^2 + x - 2 = 0 \quad => x_2 = 1 \; ; x_3 = -2$

Produktdarstellung: $\quad y = 3(x + 5) \cdot (x - 1) \cdot (x + 2)$

**Aufgabe Hornerschema:**

Zerlegen Sie das Polynom $y = -x^4 + 6x^3 - 8x^2 - 6x + 9$ in Linearfaktoren

1.11.10 Exponentialgleichungen

Zum Lösen von Exponentialgleichungen $a^{mx+b} = c$ gibt es 2 exakte Verfahren:

a) Exponentenvergleich (Potenzen mit gleicher Basis!)
b) Logarithmieren

Wenn keine analytische Lösung möglich ist, muss man Näherungsverfahren nutzen.

Beispiel:

a) $4^{2x} = 256 = 2^{8} = 4^{4}$ => $2x = 4$ => $x = 2$

b) $a^{2x+3} = a^{13-3x}$ => Exponentenvergleich: $2x+3 = 13 - 3x$

=> $5x = 10$ => $x = 2$

**Aufgaben Exponentialgleichungen:**

1) $\sqrt[3]{a^{5x+7}} \cdot \sqrt[4]{a^{3x+10}} = a^2 \cdot a^{\frac{5x}{2}}$

2) $\frac{0{,}826}{125} = \frac{1{,}4^{3x} \cdot 68^{x-3}}{5^{2x-1}}$

3) $a^{x+1} - b^{2x+1} = b^{2x-1} + a^{x-1}$

4) $2^{x} + 4 \cdot 2^{-x} - 5 = 0$

1.11.11 Logarithmische Gleichungen

Eine logarithmische Gleichung ist eine Bestimmungsgleichung, in der der Logarithmus der Unbekannten bzw. der Logarithmus eines Terms auftritt, der die Unbekannte enthält.

Die elementare Lösung einfacher Logarithmusgleichungen beruht auf der geschickten Anwendung der Rechengesetze für Logarithmen. Häufig aber können Sie nur grafisch oder durch Näherungsverfahren gelöst werden.

Beispiel: $x^{3-\lg x} = 100$ | lg => (3-lgx) lgx = lg100 = 2 => $\lg^2 x - 3\lg x + 2 = 0$

$(\lg x)_{1,2} = +\frac{3}{2} \pm \sqrt{(\frac{3}{2})^2 - 2} = +\frac{3}{2} \pm \sqrt{\frac{9}{4} - \frac{8}{4}} = +\frac{3}{2} \pm \frac{1}{2}$;

$\lg x_1 = 2$; $x_1 = 100$ ; $\lg x_2 = 1$; $x_2 = 10$

$\lg x_1 = 2 \Rightarrow 100^{3-2} = 100^1 = 100$ ; $\lg x_2 = 1 \Rightarrow 10^{3-1} = 10^2 = 100$

**Aufgaben Logarithmusgleichungen:**

1) $\frac{1}{2}\lg(x - 3) + \lg\frac{5}{2} = 1 - \lg\sqrt{x+3}$

2) $\lg(x^2+1) = 2\lg(3-x)$

3) $2^{3^x} = 3^{4^x}$

## 1.12 Ungleichungen

Größenvergleich von Zahlen
Bei der Darstellung der Zahlen durch Punkte auf der Zahlengeraden sind diese nach Größe geordnet. Alle Zahlen, die links einer bestimmten Zahl liegen sind kleiner als diese Zahl; alle Zahlen, die rechts davon liegen sind größer.

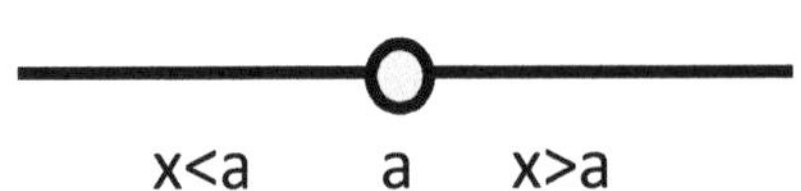


Der Begriff der Ungleichung Definition:
Zwei Terme, zwischen denen ein Kleinerzeichen (<) oder ein Größerzeichen (>) steht, bilden eine Ungleichung.

Wie bei den Gleichungen unterscheidet man zwei Arten von Ungleichungen:

1) Die beiden Terme enthalten nur Zahlen.

Dann liegen Aussagen vor, die entweder wahr oder falsch sind.
Beispiele:

a) $10 < 11$; $3+2 < 7$; $5 \cdot 12 < 83$ wahre Aussagen

b) $17 < 15$; $12-9 < -2$; $143:11 > 13$ falsche Aussagen

2) Einer der beiden Terme oder beide enthalten eine Variable.
Dann liegen Aussageformen vor, die durch Einsetzungen für die Variable
in wahre oder falsche Aussagen übergehen.

Beispiele:

a) $x < 10$ $(x \in N)$
b) $5x < 48 - x$ $(x \in Z)$
c) $x + 5 > 27$ $(x \in Q)$

Rechengesetze für Ungleichungen

Satz 1:

Das Anordnungszeichen einer Ungleichung $a < b$ bleibt erhalten, wenn man auf beiden Seiten die gleiche Zahl addiert oder subtrahiert.

$$a < b \Leftrightarrow a + c < b + c$$
$$a < b \Leftrightarrow a - c < b - c \quad (a, b, c \in Q)$$

Satz 2a:
das Anordnungszeichen einer Ungleichung a < b bleibt erhalten, wenn man beide Seiten mit der gleichen positiven Zahl multipliziert.

$$a < b \Rightarrow a \cdot c < b \cdot c \quad (a, b, c \in Q; c > 0)$$

Satz 2b:
das Anordnungszeichen einer Ungleichung a < b ändert sich, wenn man beide Seiten mit der gleichen negativen Zahl multipliziert.

$$a < b \Rightarrow a \cdot c > b \cdot c \qquad (a, b, c \in Q; c < 0)$$

Satz 3a:
das Anordnungszeichen einer Ungleichung a < b bleibt erhalten, wenn man beide Seiten durch die gleiche positive Zahl dividiert.

$$a < b \Rightarrow \frac{a}{c} < \frac{b}{c} \qquad (a, b, c \in Q; c > 0)$$

Satz 3b:
das Anordnungszeichen einer Ungleichung a < b ändert sich, wenn man beide Seiten durch die gleiche negative Zahl dividiert.

$$a < b \Rightarrow \quad \frac{a}{c} > \frac{b}{c} \quad (a, b, c \in Q; c < 0)$$

Das Lösen von Ungleichungen

Definition:
Unter der Lösungsmenge L einer Ungleichung, in der eine Variable vorkommt, versteht man die Menge aller Elemente aus der Grundmenge G, die beim Einsetzen für die Variable wahre Aussagen ergeben.

Beispiele:

a) $x < 5$ (G = N)

Hier sind diejenigen Zahlen aus der Grundmenge gesucht, die beim Einsetzen für x wahre Aussagen ergeben. Man erkennt unmittelbar die Lösungsmenge L = {1, 2, 3, 4}. Alle anderen natürlichen Zahlen ergeben, für x eingesetzt, falsche Aussagen.

b) $11 - x > 5$ ($G = N_0$)

L = {0, 1, 2, 3, 4, 5}, wie man durch Einsetzen leicht nachweisen kann.

c) $12x < 100$ (G = Z)

L = {8, 7, 6, 5, 4, 3, 2, 1, 0, -1, -2, -3, ....}

d) $x + 7{,}8 < 12$ (G = Q)

Die Lösungsmenge besteht aus allen rationalen Zahlen, die kleiner als 4,2 sind.

**Aufgaben Ungleichungen:**

a) $x - 5 < 2(x-3)$ (Grundmenge: G = Z)

b) $2(x-5) < 5(10-2x)$ (G= Q)

c) $2x + 8 > 2(x-7)$ (G= Q)

d) $2(x+2) < 3 + 2(x-3)$ (G= Q)

Bruchgleichungen, in deren Nenner die Variable x auftritt:

Multipliziert man beide Seiten einer Ungleichung mit einem variablen Term, so ist zu unterscheiden, ob der variable Term positive oder negative Werte annimmt.

Beispiel:

$\frac{4}{x-3} > 2$ (G = Q) Definitionsmenge: D = Q \ {3}

Wir multiplizieren die Ungleichung mit (x - 3). Dabei sind folgende Fallunterscheidungen zu treffen:

Fall 1: x > 3, dann ist der Nenner N = (x - 3) > 0

$\frac{4}{x-3} \cdot (x - 3) > 2 \cdot (x - 3)$

$4 > 2x - 6$

$10 > 2x$

$5 > x$

$x < 5$

Fall 2: x < 3, dann ist der Nenner N = (x-3) < 0

$\frac{4}{x-3} \cdot (x - 3) < 2 \cdot (x - 3)$

$4 < 2x - 6$

$10 < 2x$

$5 < x$

In diesem Fall gibt es keine Zahl x (x ∈D), die sowohl die Bedingung

x < 3 als auch die Bedingung x > 5 erfüllt.

Die Lösungsmenge ist die leere Menge: L = { }.

Als Gesamtlösungsmenge der Ungleichung $\frac{4}{x-3} > 2$

(G = Q) ergibt sich daher:

$L = L_1 \cup L_2 = \{x \mid 3 < x < 5\} \cup \{\}$ $L = \{x \mid 3 < x < 5\}$

**Aufgabe Bruchgleichungen:**

$\frac{x+3}{x-2} < \frac{x-5}{x-6}$ (G = Q) D = Q \ (2, 6)

## 1.13 Wichtige Begriffe und Sätze der Geometrie

*1. Winkel:* Es gibt spitze, stumpfe, überstumpfe, rechter, gestreckte und Vollwinkel.

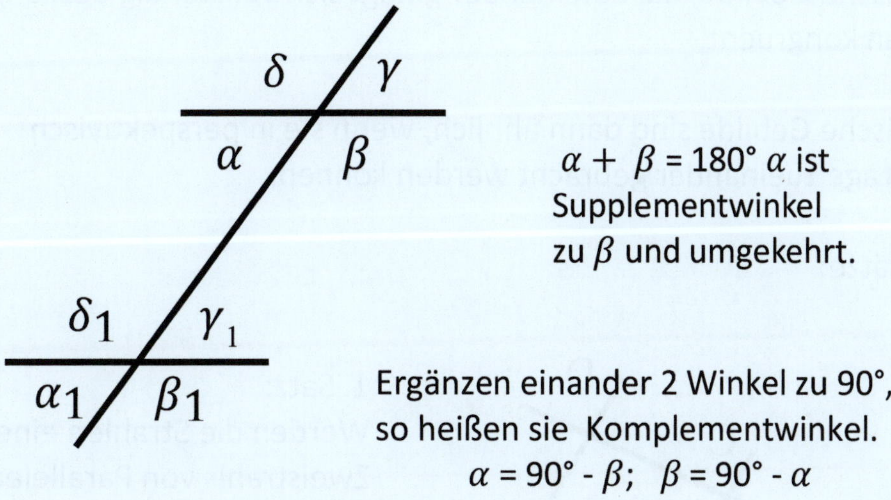


$\alpha + \beta$ = 180° $\alpha$ ist Supplementwinkel zu $\beta$ und umgekehrt.

Ergänzen einander 2 Winkel zu 90°, so heißen sie Komplementwinkel.

$\alpha$ = 90° - $\beta$; $\beta$ = 90° - $\alpha$

$\alpha$ und $\gamma$ sind Scheitelwinkel und sind gleich groß ($\alpha = \gamma$ ).
$\gamma$ und $\gamma_1$ sind Stufenwinkel und gleich groß ($\gamma = \gamma_1$).
$\alpha_1$ und $\gamma$ bzw. $\delta_1$ und $\beta$ sind Wechselwinkel und gleich groß.

*2. Dreiecke:*

Es gibt spitz-, recht- und stumpfwinklige Dreiecke, ungleichseitige, gleichschenklige und gleichseitige Dreiecke.

Die Winkelsumme im Dreieck ist 180° ( $\alpha + \beta + \gamma = 180°$). Die Summe der Außenwinkel beträgt 360°.
Der Schnittpunkt der Mittelsenkrechten eines Dreiecks ist gleichzeitig der Mittelpunkt des Umkreises.
Der Schnittpunkt der Winkelhalbierenden eines Dreiecks ist gleichzeitig der Mittelpunkt des Innenkreises.
Die drei Seitenhalbierenden eines Dreiecks schneiden einander in einem Punkt. (Schwerpunkt)

*3. Kongruenz und Ähnlichkeit*

Geometrische Gebilde, die aufeinander gelegt sich vollständig decken, nennt man kongruent.

Geometrische Gebilde sind dann ähnlich, wenn sie in perspektivisch ähnliche Lage zueinander gebracht werden können.

Strahlensätze:

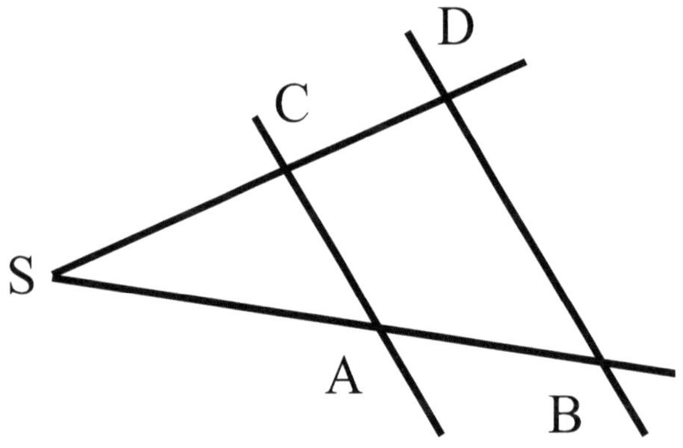


1. Satz:
Werden die Strahlen eines Zweistrahls von Parallelen geschnitten, so sind entsprechende Abschnitte der Strahlen verhältnisgleich.

2. Satz:
Werden die Strahlen eine Zweistrahls von Parallelen geschnitten, so verhalten sich die Abschnitte der Parallelen wie die vom Strahlenausgangspunkt gerechneten entsprechenden Abschnitte eines Strahls.

## 4. Sätze im rechtwinkligen Dreieck

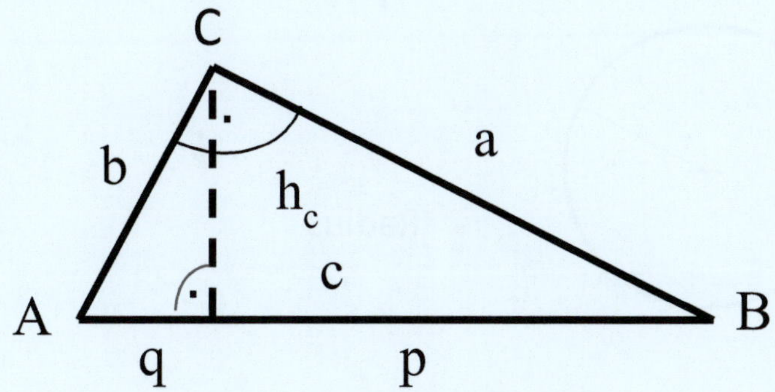


a) Pythagoras: Im rechtwinkligen Dreieck ist das Hypotenusenquadrat gleich der Summe der Kathetenquadrate.

$$a^2 + b^2 = c^2$$

b) Euklid: Im rechtwinkligen Dreieck ist das Quadrat der Kathete gleich dem Produkt aus der Hypotenuse und dem entsprechenden Hypotenusenabschnitt.

$$a^2 = c \cdot p \text{ und } b^2 = c \cdot q$$

c) Höhensatz: Im rechtwinkligen Dreieck ist das Quadrat über der zur Hypotenuse gehörigen Höhe gleich dem Produkt aus den beiden Hypotenusenabschnitten.

$$h_c = q \cdot p$$

## 5. Kreis

Begriffe:

Kreisausschnitt oder Sektor

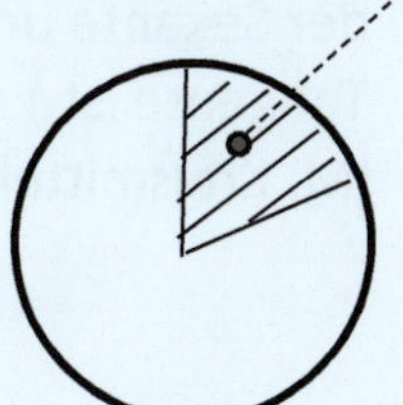

Kreisabschnitt oder Segment

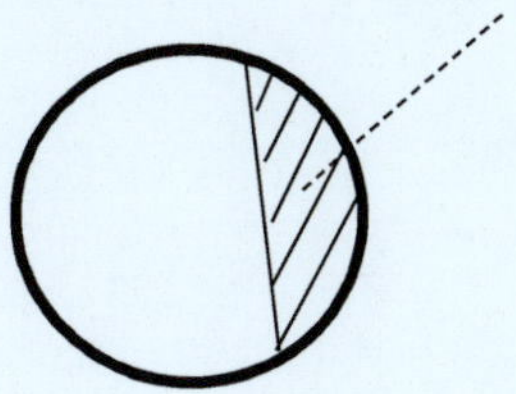

Kreisfläche: $\pi r^2$
Kreisumfang: $2 \pi r$
Radius
Peripherie

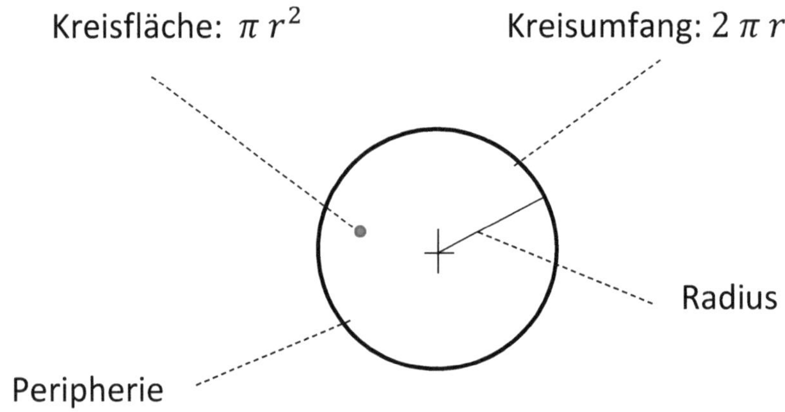

Winkelsätze am Kreis

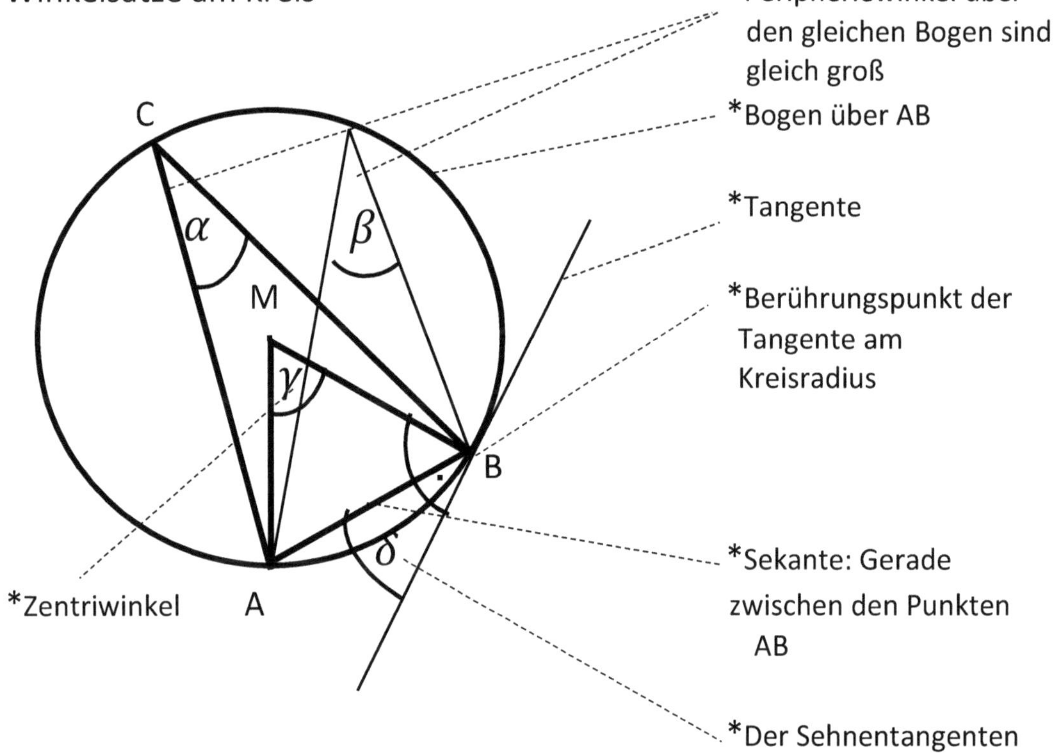

C
M
B
A
$\alpha$
$\beta$
$\gamma$
$\delta$
*Peripheriewinkel über den gleichen Bogen sind gleich groß
*Bogen über AB
*Tangente
*Berührungspunkt der Tangente am Kreisradius
*Sekante: Gerade zwischen den Punkten AB
*Der Sehnentangenten -winkel $\delta$ zwischen der Sekante und der Tangente ist $\gamma$: 2
(M: Kreismittelpunkt)
*Zentriwinkel

**Aufgabe Geometrie:**

Eine Fischdose habe in der Grundfläche die Form eines Rechteckes mit zwei an den Schmalseiten angesetzten Halbkreisen. Sie lässt sich beschreiben durch die Gesamtlänge l, die Breite b, und die Höhe h.

Bestimmen Sie die Oberfläche A und das Volumen V der Fischdose in Abhängigkeit der gegebenen Parameter b, l und h (die Blechdicke der Dose sei zu vernachlässigen).

## 1.14. Ebene Trigonometrie

### 1.14.1 Bogenmaß

Für die Höhere Mathematik ist das Gradmaß ungeeignet. Man führt daher ein neues Winkelmaß, das sogenannte Bogenmaß, ein. Nach einem Satz aus der Planimetrie, dass in einem Kreis mit dem Radius r der Bogen b dem zugehörigen Winkel proportional ist, ergibt sich die Proportion 2 $\pi$ r : b = 360° : $\alpha$° und hieraus:

$$b = \frac{\pi \cdot r \cdot \alpha^\circ}{180^\circ}$$

Schlägt man um den Scheitelpunkt eines Winkels $\alpha$ beliebig viele Kreis mit den Radien $r_1$, $r_2$, $r_3$ usw., so erhält man die Bögen:
$b_1 = \frac{\pi \cdot \alpha^\circ}{180^\circ} \cdot r_1$; $b_2 = \frac{\pi \cdot \alpha^\circ}{180^\circ} \cdot r_2$ und die Beziehung $\frac{\pi \cdot \alpha^\circ}{180^\circ} = \frac{b_1}{r_1} = \frac{b_2}{r_2} = \cdots$

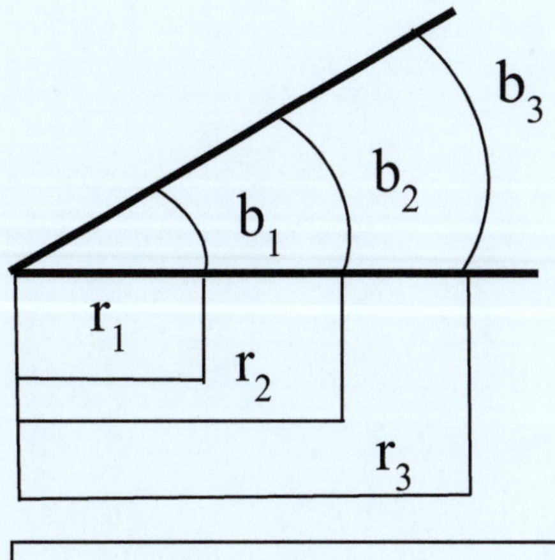


$$\text{arc } \alpha = \frac{b}{r} = \frac{\pi}{180^\circ} = \alpha^\circ$$

Das Bogenmaß ist dimensionslos, da es als Verhältnis der Strecken b und r erscheint. 1 rad (Radiant) ist der Winkel, der dem Bogen der Länge 1 auf dem Einheitskreis (Radius = 1) entspricht. I. a. wird die Einheit rad fortgelassen, da die Zahl 1 rad = 1 dimensionslos ist.

| Bogenmaß | $2\pi$ | $\pi$ | $\frac{\pi}{2}$ | $\frac{\pi}{3}$ | $\frac{\pi}{4}$ | $\frac{\pi}{6}$ |
|---|---|---|---|---|---|---|
| Gradmaß | 360° | 180° | 90° | 60° | 45° | 30° |

Umrechnung Gradmaß – Bogenmaß:

1 rad = $\frac{180°}{\pi}$ = 57,3° ; 1° = $\frac{\pi}{180°}$ rad = 0,0175 rad

# Lösungen

## Lösungen Wurzelgleichungen:

b) $\sqrt{x-1+\sqrt{2x+5}}$ -2 = 0

$x - 1 + \sqrt{2x+5} = 4$

$\sqrt{2x+5} = 5 - x \quad | ( )^2$

$2x + 5 = 25 - 10x + x^2$

$x^2 - 12x + 20 = 0$

$x_{1,2} = 6 \pm \sqrt{36-20} = 6 \pm 4$

$x_1 = 10;\ x_2 = 2$

*Probe:*

$\sqrt{10-1+\sqrt{2\cdot 10+5}}$ -2 ≠ 0

$\sqrt{2-1+\sqrt{2\cdot 2+5}}$ -2 = 0

c) $\sqrt{60+4x} + 2\sqrt{x} = 10$

$\sqrt{60+4x} = 10 - 2\sqrt{x} \quad | ( )^2$

$60 + 4x = 100 - 40\sqrt{x} + 4x$

$-40 = -40\sqrt{x}$

$x_1 = 1$

*Probe:*

$\sqrt{60+4} + 2\sqrt{1} = 10$

$8 + 2 = 10$

$10 = 10$

d) $\sqrt{x-2016} + \sqrt{y-56} = 11; \qquad x + y = 2193$

$\sqrt{2193-y-2016} = 11 - \sqrt{y-56}$

$\sqrt{177-y} = 11 - \sqrt{y-56} \quad | ()^2$

$177 - y = 121 - 22\sqrt{y-56} + (y - 56)$

$22\sqrt{y-56} = 2y - 112 \quad : 2$

$11\sqrt{y-56} = y - 56 \quad ()^2$

$121 ( y - 56 ) = y^2 - 112y + 56^2$

$121y - 6776 = y^2 - 112y + 3136$

$y^2 - 233y + 9912 = 0$

$y_{12} = 116{,}5 \pm \sqrt{116{,}5^2 - 9912}$

$y_{12} = 116{,}5 \pm 60{,}5$

$y_1 = 177 \Rightarrow x1 = 2016$

$y_2 = 56 \Rightarrow 2137$

Gefahr von Scheinlösungen!

=> Probe:

1) $0 + \sqrt{121} = 11$

2) $\sqrt{121} + 0 = 11$

**Lösungen Gleichungen mit 2 Variablen:**

$z(x, y) = x^2y^2(1 - x - y) = x^2y^2 - x^3y^2 - x^2y^3 \quad ; \frac{\partial f}{\partial x} = 0 ; \frac{df}{dy} = 0$

$; \frac{\partial^2 f}{\partial x^2} \neq 0 ; \frac{\partial^2 f}{\partial y^2} \neq 0$

$2y^2x - 3y^2x^2 - 2y^3x = 0 \quad \Rightarrow x_1 = 0 ; x_2 = ?$

$2x^2y - 2x^3y - 3x^2y^2 = 0 \quad \Rightarrow y_1 = 0 ; y_2 = ?$

$2y^2x - 3y^2x^2 - 2y^3x = 0$

$2x^2y - 2x^3y - 3x^2y^2 = 0$

$y^2x(2-3x-2y) = 0$

$x^2y(2-2x-3y) = 0$

$2 - 3x-2y = 0 \mid \cdot 2$

$2 - 2x-3y = 0 \qquad \mid \cdot -3$

$4 - 6x - 4y = 0$

$-6 + 6x + 9y = 0$

$-2 + 5y = 0 \Rightarrow y_2 = \frac{2}{5}$

$3x = 2 - 2y \Rightarrow x = \frac{1}{3}(2-2y)$

$x_2 = \frac{1}{3}(2 - \frac{4}{5}) = \frac{2}{5}$

$P_1 (0 ; 0)$

$P_2 (\frac{2}{5} ; \frac{2}{5})$

**Lösungen Linearfaktorzerlegung:**

Es gilt die Nullstellen durch Linearfaktorzerlegung für folgende Gleichung zu finden:

$$x^3 + 4x^2 + x - 6 = 0 = y$$

6 ist das absolute Glied. 6 kann zerlegt werden in:

$(\pm 1), (\pm 2), (\pm 3), (\pm 6)$

Durch Probieren erhält man: $x_1 = +1$

$$\begin{array}{l} (x^3 + 4x^2 + x - 6) : (x-1) = x^2 + 5x + 6 \\ \underline{-(x^3 - x^2)} \\ \quad 5x^2 + x \\ \quad \underline{-(5x^2 - 5x)} \\ \qquad 6x - 6 \\ \qquad \underline{-(6x - 6)} \\ \qquad\quad 0 \end{array}$$

$$x_{2,3} = -\frac{5}{2} \pm \sqrt{\frac{25}{4} - \frac{24}{4}}$$

$$x_{2,3} = -\frac{5}{2} \pm \frac{1}{2}$$

$x_2 = -3$

$x_3 = -2$

$$y = (x-1)(x+3)(x+2) = x^3 + 4x^2 + x - 6$$

**Lösungen Hornerschema:**

Durch Probieren findet man eine erste Nullstelle bei $x_1 = 1$. Die Abspaltung des zugehörigen Linearfaktors $(x - 1)$ erfolgt über das Horner Schema:

| | | | | | |
|---|---|---|---|---|---|
| | -1 | 6 | -8 | -6 | 9 |
| $x_1 = 1$ | | -1 | 5 | -3 | -9 |
| | -1 | 5 | -3 | -9 | 0 |

Koeffizienten des 1. reduzierten Polynoms f(1) = 0

=> $f_1(x) = -x^3 + 5x^2 - 3x - 9$

Eine weitere Nullstelle liegt bei $x_2 = 3$. Wir spalten den zugehörigen Linearfaktor (x - 3) ab.

| | -1 | 5 | -3 | -9 |
|---|---|---|---|---|
| $x_2 = 3$ | | -3 | 6 | 9 |
| | -1 | 2 | 3 | 0 |

2. reduziertes Polynom: $f_2(x) = -x^2 + 2x + 3$

$x^2 - 2x - 3 \Rightarrow x_3 = -1$ und $x_4 = 3$.

Die Produktdarstellung lautet damit:

$y = -1 \cdot (x - 1)(x - 3)(x + 1)(x - 3)$

$\underline{y = -(x-1)(x+1)(x-3)^2}$

**Lösungen Exponentialgleichungen:**

1) $\sqrt[3]{a^{5x+7}} \cdot \sqrt[4]{a^{3x+10}} = a^2 \cdot a^{\frac{5x}{2}}$

In Potenzschreibweise: $a^{\frac{5x+7}{3}} \cdot a^{\frac{3x+10}{4}} = a^2 \cdot a^{\frac{5x}{2}}$

$$a^{\frac{5x+7}{3}+\frac{3x+10}{4}} = a^{2+\frac{5x}{2}}$$

$\frac{5x+7}{3} + \frac{3x+10}{4} = 2 + \frac{5x}{2} \quad | \cdot 12$

$= 20x + 28 + 9x + 30 = 24 + 30x \Rightarrow \underline{34 = x}$

2) $\frac{0,826}{125} = \frac{1,4^{3x} \cdot 68^{x-3}}{5^{2x-1}}$ | lg

$$\lg \frac{0,826}{125} = \lg \frac{1,4^{3x} \cdot 68^{x-3}}{5^{2x-1}}$$

$$\lg \frac{0,826}{125} = \lg 1,4^{3x} + lg 68^{x-3} - \lg 5^{2x-1}$$

$$\lg \frac{0,826}{125} = 3x \lg 1,4 + (x-3) \lg 68 - (2x - 1) \lg 5$$

$$\lg \frac{0,826}{125} = 3x \lg 1,4 + x \lg 68 - 3 \lg 68 - 2x \lg 5 + \lg 5$$

$$\lg \frac{0,826}{125} = x\ ( 3\lg 1,4 + \lg 68 - 2 \lg 5) - 3 \lg 68 + \lg 5$$

$$\lg \frac{0,826}{125} + 3 \lg 68 - \lg 5 = x\ ( 3\lg 1,4 + \lg 68 - 2 \lg 5)$$

$$x = \frac{\lg \frac{0,826}{125} + 3 \lg 68 - \lg 5}{( 3\lg 1,4 + \lg 68 - 2 \lg 5)} = \frac{2,61863}{0,87295} = 3$$

3) $a^{x+1} - b^{2x+1} = b^{2x-1} + a^{x-1}$

$a^{x+1} - a^{x-1} = b^{2x-1} + b^{2x+1} \Rightarrow a^{x}(a-a^{-1}) = b^{2x}(b^{-1} + b)$ | lg

$x \lg a + \lg(a-a^{-1}) = 2x \lg b + \lg(b^{-1} + b)$

$\Rightarrow x \lg a - 2x \lg b = \lg(b^{-1} + b) - \lg(a-a^{-1})$

$x (\lg a - 2\lg b) = \lg(b^{-1} + b) - \lg(a-a^{-1}) \Rightarrow$

$$x = \frac{\lg(b^{-1} + b) - \lg(a-a^{-1})}{\lg a - 2\lg b} = \frac{lg\frac{b^{-1}+b}{a-a^{-1}}}{lg\frac{a}{b^2}}$$

4) $2^{x} + 4 \cdot 2^{-x} - 5 = 0$

$2^{2x} + 4 - 5 \cdot 2^{x} = 0$ | Substitution $z = 2^{x}$

$z^2 - 5z + 4 = 0$

$z_{1,2} = \frac{5}{2} \pm \sqrt{(\frac{5}{2})^2 - \frac{16}{4}} = \frac{5}{2} \pm \sqrt{\frac{9}{4}} = \frac{5}{2} \pm \frac{3}{2}$

$z_1 = 4$ ; $z_2 = 1$

Rücksubstitution $x_1$:
$2^{x_1} = 4$ | ln
$x_1 \ln2 = \ln4$

$x_1 = \frac{ln4}{ln2} = 2$

Rücksubstitution:
$2^{x_2} = 1$ | ln
$x_2 \ln2 = \ln1$

$x_1 = \frac{ln1}{ln2} = 0$

## Lösungen Logarithmusgleichungen

1) $\frac{1}{2}\lg(x - 3) + \lg\frac{5}{2} = 1 - \lg\sqrt{x+3}$

$\lg\sqrt{x-3} + \lg\frac{5}{2} + \lg\sqrt{x+3} = 1 \Rightarrow \lg[\sqrt{x-3} \cdot \sqrt{x+3} \cdot \frac{5}{2}] = 1$

$[\sqrt{x-3} \cdot \sqrt{x+3} \cdot \frac{5}{2}] = 10^{1} \Rightarrow \sqrt{x^2 - 9} = \frac{20}{5} = 4 \mid (\ )^2$

$x^2 - 9 = 16 \Rightarrow x^2 = 25 \Rightarrow x_1 = 5; x_2 = -5$ (falsch, Scheinlösung)

2) $\lg(x^2+1) = 2\lg(3-x)$

$\lg(x^2+1) = \lg(3-x)^2$

$(x^2+1) = (3-x)^2$

$x^2 + 1 = 9 - 6x + x^2$

$1 = 9 - 6x$

$6x = 8$

$x = \frac{8}{6} = \frac{4}{3}$

$2^{3^x} = 3^{4^x} \quad | \lg$

$3^x \cdot \lg 2 = 4^x \cdot \lg 3 \mid \lg$

$\lg(3^x \cdot \lg 2) = \lg(4^x \cdot \lg 3)$

$\lg 3^x + \lg(\lg 2) = \lg 4^x + \lg(\lg 3)$

$x\lg 3 + \lg(\lg 2) = x\lg 4 + \lg(\lg 3)$

$x(\lg 3 - \lg 4) = \lg(\lg 3) - \lg(\lg 2)$

$x\,(\lg 0{,}75) = \lg(\lg 3) - \lg(\lg 2)$

$x = \frac{\lg(\lg 3) - \lg(\lg 2)}{(\lg 0{,}75)} = \frac{-0{,}321371+0{,}521390}{-0{,}124939}$

$x = -1{,}6008$

**Lösungen Ungleichungen**

a) $x - 5 < 2(x-3) \quad (G = Z)$

$x - 5 < 2x - 6 \mid -2x$

$-x - 5 < -6 \quad \mid +5$

$-x < -1 \quad \mid \cdot(-1)$

$x > 1$

$L = \{x \mid x > 1 \wedge x \in Z\}$, $L = \{2, 3, 4, 5, \ldots\}$

$2x - 10 < 50 - 10x \mid + 10x$

$12x - 10 < 50 \qquad \mid + 10$

$12x < 60 \qquad \mid : 12$

$x < 5$

$L = \{x \mid x < 5 \wedge x \in Q\}$ Alle rationalen Zahlen kleiner 5 lösen diese Aufgabe.

b) $2(x - 5) < 5(10 - 2x)$ $(G = Q)$

c) $2x + 8 > 2(x - 7)$ $(G = Q)$

$2x + 8 > 2x - 14 \qquad \mid -2x$

$8 > -14$

Jede rationale Zahl ist Lösung dieser Ungleichung.

d) $2(x + 2) < 3 + 2(x - 3)$ $(G = Q)$

$2x + 4 < 3 + 2x - 6$

$2x + 4 < 2x - 3$

$4 < -3$ falsche Aussage

Diese Ungleichung hat keine Lösung.

$\frac{x+3}{x-2} < \frac{x-5}{x-6}$ $(G = Q)$ $D = Q \setminus (2, 6)$

**Lösung Bruchgleichungen**

Fall 1: $x > 6$

Dann ist $N_1 = (x - 2) > 0$ und $N_2 = (x - 6) > 0$

und somit $N_1 \cdot N_2 = (x - 2)(x - 6) > 0$

$$\frac{x+3}{x-2} \cdot (x-2)(x-6) < \frac{x-5}{x-6} \cdot (x-2)(x-6)$$

$$(x+3)(x-6) < (x-5)(x-2)$$

$$x^2 + 3x - 6x - 18 < x^2 - 5x - 2x + 10$$

$$-3x - 18 < -7x + 10$$

$$4x - 18 < 10$$

$$4x < 28 \Rightarrow x < 7$$

Aus $x > 6$ und $x < 7$ folgt: $L_1 = \{x \mid 6 < x < 7\}$

Fall 2: $2 < x < 6$

Dann ist $N_1 = (x - 2) > 0$ und $N_2 = (x - 6) < 0$

und das Produkt $N_1 \cdot N_2 = (x - 2)(x - 6) < 0$

$$\frac{x+3}{x-2} \cdot (x-2)(x-6) > \frac{x-5}{x-6} \cdot (x-2)(x-6)$$

$$x > 7$$

Aus $2 < x < 6$ und $x > 7$ folgt: $L_2 = \{\ \}$

Fall 3: $x < 2$

Dann ist $N_1 = (x - 2) < 0$ und $N_2 = (x - 6) < 0$

und das Produkt $N_1 \cdot N_2 = (x - 2)(x - 6) > 0$

$$\frac{x+3}{x-2} \cdot (x-2)(x-6) < \frac{x-5}{x-6} \cdot (x-2)(x-6)$$

$$x < 7$$

Aus $x < 2$ und $x < 7$ folgt: $L_3 = \{x \mid x < 2\}$

Gesamtlösungsmenge: $L = L_1 \cup L_2 \cup L_3$

$L = \{x \mid 6 < x < 7 \vee x < 2\}$

**Lösung Geometrie**

Eine Fischdose habe in der Grundfläche die Form eines Rechteckes mit zwei an den Schmalseiten angesetzten Halbkreisen. Sie lässt sich beschreiben durch die Gesamtlänge l, die Breite b, und die Höhe h.

Bestimmen Sie die Oberfläche A und das Volumen V der Fischdose in Abhängigkeit der gegebenen Parameter b, l und h (die Blechdicke der Dose sei zu vernachlässigen).

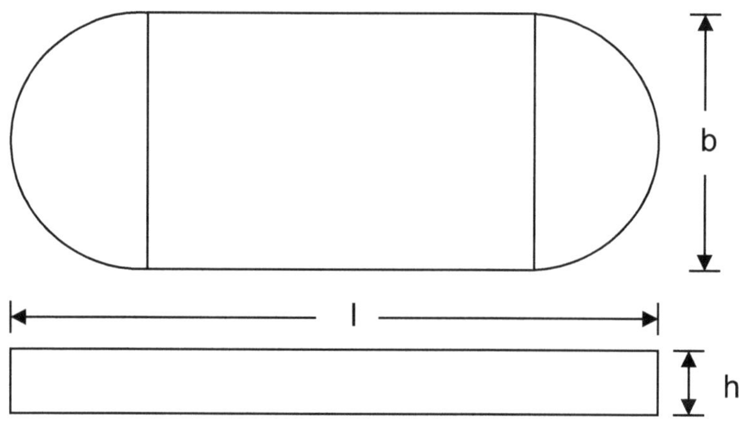


Sei $A_D$ die Oberfläche des Deckels und $A_M$ die Oberfläche des Mantels, dann gilt:

$$A_D = (l - b) \cdot b + \pi \cdot (\tfrac{b}{2})^2$$

$$A_M = \left(2 \cdot (l - b) + 2\pi \cdot \tfrac{b}{2}\right) \cdot h$$

$$A_G = 2 \cdot A_D + A_M$$

$$= 2 \cdot [(l - b) \cdot b + \pi \cdot (\frac{b}{2})^2] + \left(2 \cdot (l-b) + 2\pi \cdot \frac{b}{2}\right) \cdot h$$

$$A_G = 2 \cdot (l-b) \cdot b + 2\pi \frac{b^2}{4} + 2(l-b) \cdot h + 2\pi \frac{b}{2} \cdot h$$

$$= 2 \cdot (l-b) \cdot (b+h) + \pi \cdot b \cdot \left(\frac{b}{2} + h\right)$$

$$V_G = (l - b) \cdot b \cdot h + \pi \cdot \left(\frac{b}{2}\right)^2 \cdot h$$

Grundlagen IV 203

1.14.2 Die vier Winkelfunktionen

1) Geg.: c = 56,40 m, $\alpha$ = 38°16'. Gesucht: a, b, $\beta$.

2) Geg.: a = 148,20 m, $\beta$ = 56°23'. Gesucht: b, c, $\alpha$.

3) Geg.: a = 345 m, c = 2,36 km. Gesucht: b, $\alpha$, $\beta$.

4) Geg.: a = 10,74 m, b = 6,48 m. Gesucht: c, $\alpha$, $\beta$.

1.14.3 Berechnung rechtwinkliger Dreieck

Superposition: Funktionen gleicher Periode

Amplitude: C = $\sqrt{A^2 + B^2}$ Phase: tanβ = $\frac{B}{A}$

a = A sin**α**; b = B cos α;

a + b = C sin (α + β) woraus folgt:

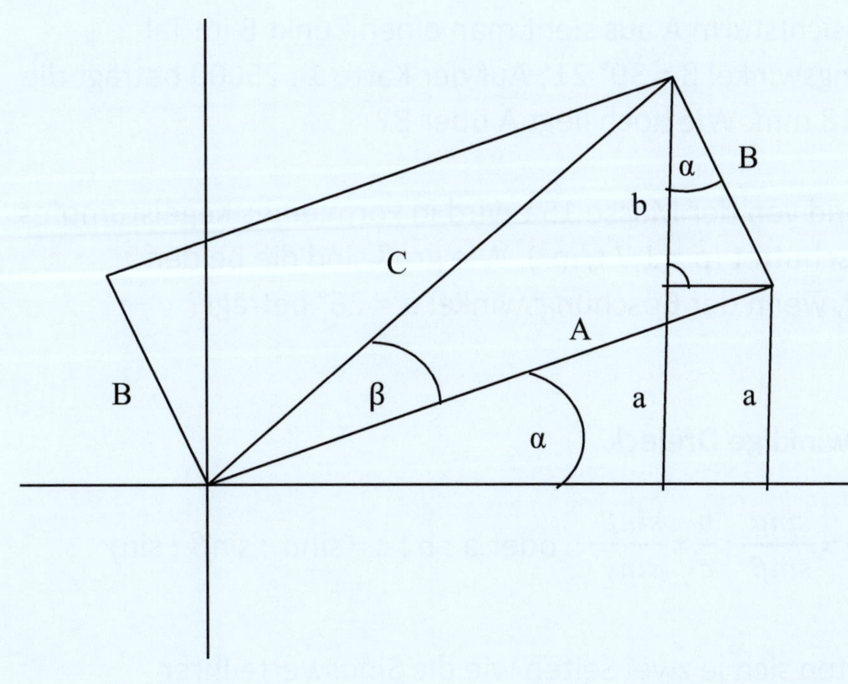

$$a + b = A \sin\alpha + B \cos\alpha = C \sin(\alpha + \beta)$$

Führt man jetzt die unbekannten Größen C und auf die Bekannten Größen A und B zurück, dann ergibt sich, da A und B rechtwinklig stehen, die Amplitude und die Phase.

**Aufgaben rechtwinkliges Dreieck:**

1) Ein kugelförmiger Freiballon mit dem Durchmesser d=16 m wird unter einem Sehwinkel von $\alpha = 22'$ beobachtet. Wie weit ist der Mittelpunkt des Ballons vom Beobachter entfernt?

2) Ein Flugzeug mit der Endgeschwindigkeit $v_E$ = 320 km/h fliegt in Richtung N 37 O. Der Wind weht die ganze Zeit mit einer Stärke von $v_W$ = 20 m/s aus Richtung S 53 O. Wie groß ist die Geschwindigkeit $v_G$ Kurs über Grund (KüG) und nach welcher Zeit hat das Flugzeug 1500 km zurückgelegt? Um welchen Winkel wird das Flugzeug vom Kurs abgetrieben?

3) Von einem Aussichtsturm A aus sieht man einen Punkt B im Tal unter dem Senkungswinkel β = 39° 21‘. Auf der Karte 1 : 25000 beträgt die Entfernung AB = 18 mm. Wie hoch liegt A über B?

4) Eine Ladung Sand von der Masse 15 t wird in Form eines Kegelstumpfes von h = 1m aufgeschüttet ($\rho = 1{,}7\ t/m^3$). Wie groß sind die beiden Grundhalbmesser, wenn der Böschungswinkel α = 26° beträgt?

## 1.14.4 Das schiefwinklige Dreieck

**Der Sinussatz** $\frac{a}{b} = \frac{\sin\alpha}{\sin\beta}$; $\frac{b}{c} = \frac{\sin\beta}{\sin\gamma}$; oder a : b : c = $\sin\alpha : \sin\beta : \sin\gamma$

Im Dreieck verhalten sich je zwei Seiten wie die Sinuswerte Ihrer Gegenwinkel.

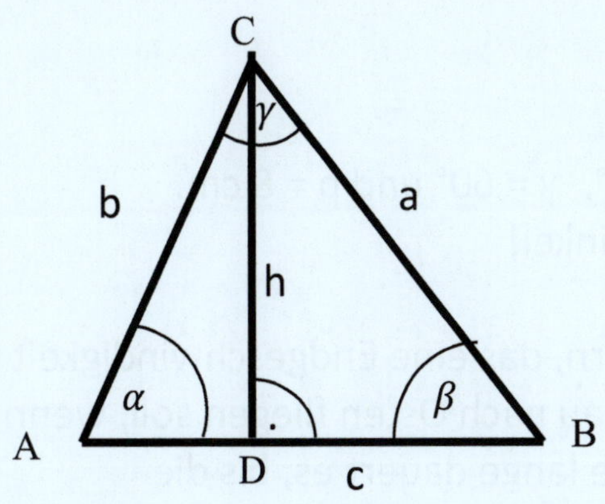


In Δ BCD ist $h = a \cdot sin\beta$

und in Δ ACD ist $h = b \cdot sin\alpha$,

also $a \cdot sin\beta = b \cdot sin\alpha$

oder $\frac{a}{b} = \frac{sin\alpha}{sin\beta}$

**Der Kosinussatz**

Im Dreieck ist das Quadrat über einer Seite gleich der Summe der Quadrate über den beiden anderen Seiten, vermindert um das doppelte Produkt aus diesen Seiten und dem Kosinus des eingeschlossenen Winkels.

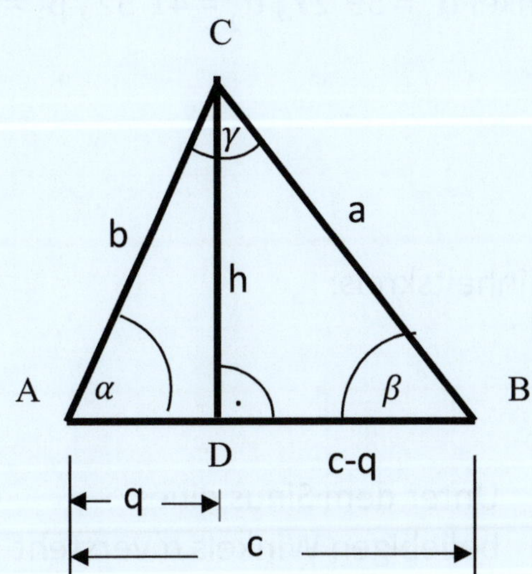


$a^2 = b^2 + c^2 - 2bc \cdot cos\alpha$

$b^2 = a^2 + c^2 - 2ac \cdot cos\beta$

$c^2 = a^2 + b^2 - 2ab \cdot cos\gamma$

In Δ ACD ist $h = b \cdot sin\alpha$ und $q = b \cdot cos\alpha$.

Nach dem Satz des Pythagoras ist:

$a^2 = h^2 + (c - q)^2$, also
$a^2 = b^2 \cdot sin^2 \alpha + (c - b \cdot cos \alpha)^2$
$a^2 = b^2 (sin^2 \alpha + cos^2 \alpha) + c^2 - 2bc \cdot cos\alpha$
$a^2 = b^2 + c^2 - 2bc \cdot cos\alpha$

Achtung: Ist $\alpha$ stumpf, so ist $cos\alpha$ negativ, also $- 2bc\ cos\ \alpha$ positiv!

**Aufgaben schiefwinkliges Dreieck:**

1) In einem Dreieck sind gegeben: $\alpha = 40°$, $\gamma = 60°$ und b = 8 cm. Bestimmen Sie die übrigen Seiten und Winkel!

2) Welchen Kurs muss ein Flugzeug steuern, das eine Endgeschwindigkeit vom Betrag v = 320 km/h besitzt und genau nach Osten fliegen soll, wenn SW-Wind von der Stärke 9 m/s weht? Wie lange dauert es, bis die Zielentfernung in 1500 km erreicht wird?

Wie groß ist der Winkel $\delta$ (Kurs über Grund)?

3) Durch einen Bergrücken soll von P nach Q ein waagerechter Tunnel getrieben werden. Um Länge und Richtung des Tunnels zu bestimmen, steckt man auf dem Bergrücken eine waagerechte Standlinie AB = a = 485,7 m ab und misst die Horizontalwinkel $\alpha_1 = 59°27'$, $\alpha_2 = 41°32'$, $\beta_1 = 67°19'$, $\beta_2 = 70°41'$.

1.14.5. Trigonometrische Funktionen

Darstellung von Sinus und Kosinus im Einheitskreis:

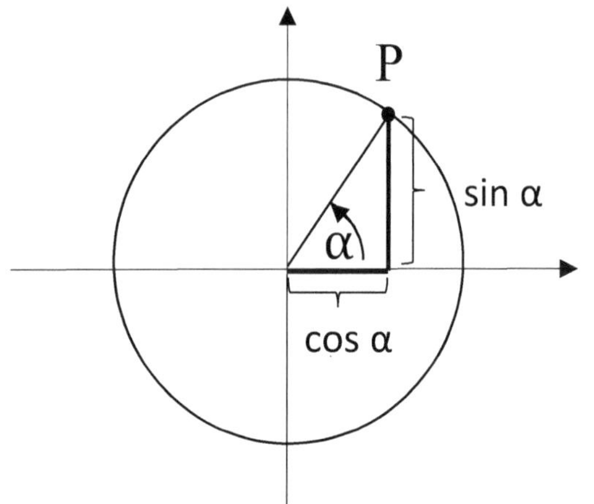


Unter dem Sinus eines beliebigen Winkels α versteht man den Ordinatenwert des zu α gehörenden Punktes P auf dem Einheitskreis.

$$\sin \alpha = \frac{Gegenkathete}{Hypothenuse}$$

$$\cos \alpha = \frac{Ankathete}{Hypothenuse}$$

Den Kosinus eines Winkels α findet man als Abszissenwert des Punktes P auf dem Einheitskreis wieder.

Funktionsgrafen der Sinus- und Kosinusfunktion

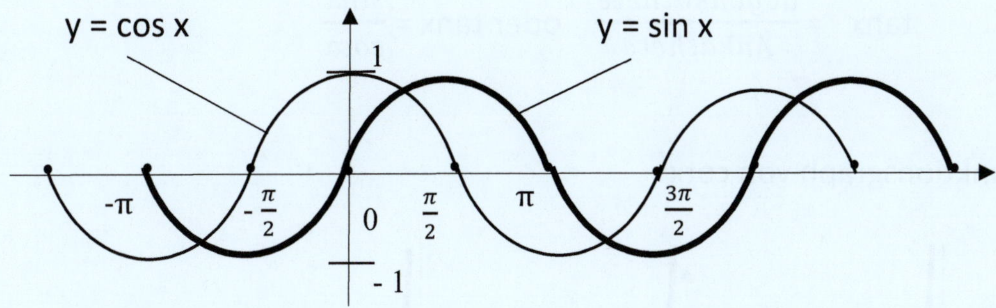


Bei einem vollen Umlauf auf dem Einheitskreis durchläuft der Winkel α alle Werte zwischen 0° und 360° und die Sinusfunktion sin α dabei alle Werte zwischen -1 und +1. Bei nochmaligem Umlauf wiederholen sich diese Funktionswerte, die Sinusfunktion ist also periodisch

$$\sin(\alpha + 360°) = \sin \alpha$$

Die Kosinusfunktion cos α ist ebenfalls periodisch. $\cos(\alpha + 360°) = \cos \alpha$

Funktionsgraph von tanx

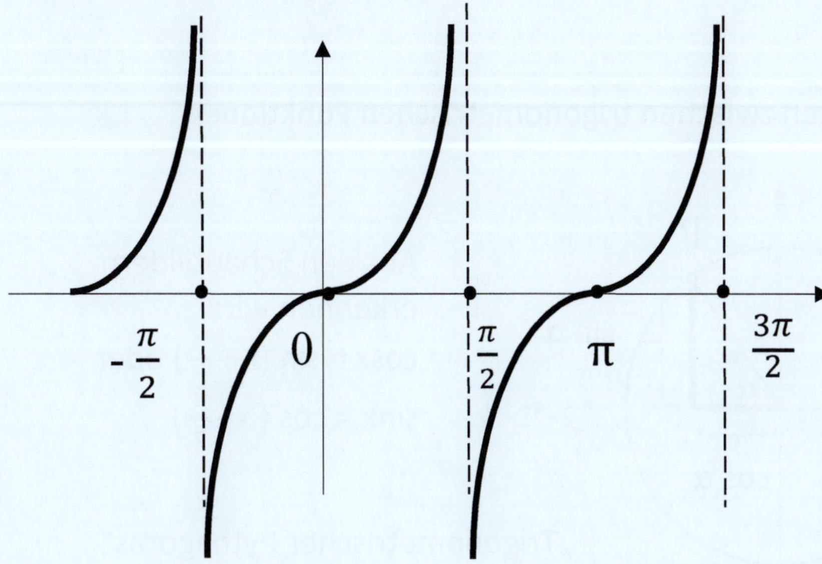

Die Tangens- und Kotangensfunktion werden definiert durch die Gleichungen.

$$\tan x = \frac{Gegenkathete}{Ankathete} \quad \text{oder } \tan x = \frac{\sin x}{\cos x}$$

Funktionsgraph von cotx

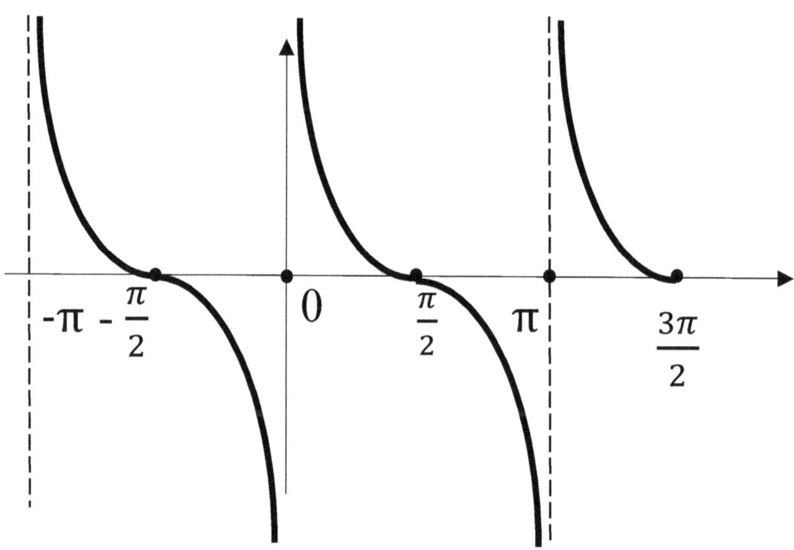


$$\cot x = \frac{Ankathete}{Gegenkathete} \quad \text{oder } \cot x = \frac{\cos x}{\sin x} = \frac{1}{\tan x}$$

Wichtige Beziehungen zwischen trigonometrischen Funktionen

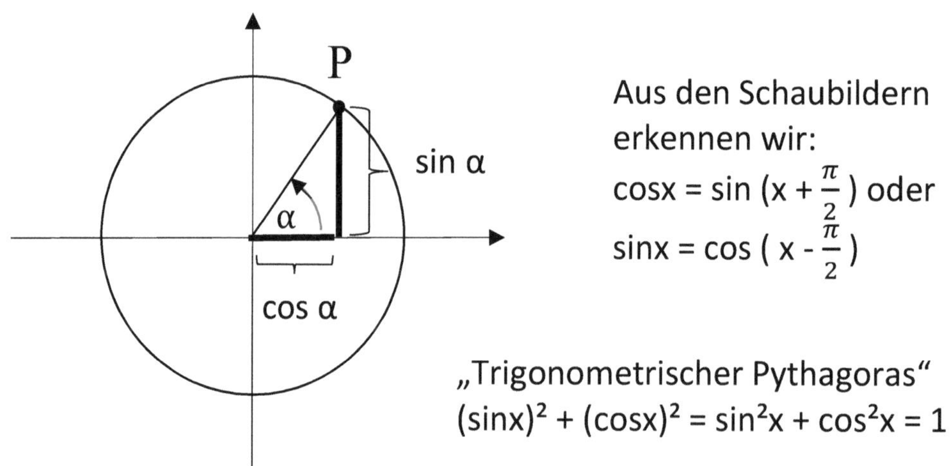


Aus den Schaubildern erkennen wir:
$\cos x = \sin (x + \frac{\pi}{2})$ oder
$\sin x = \cos ( x - \frac{\pi}{2})$

„Trigonometrischer Pythagoras“
$(\sin x)^2 + (\cos x)^2 = \sin^2 x + \cos^2 x = 1$

Trigonometrische Funktionen von Winkelsummen
Additionstheoreme

$\sin(x_1 \pm x_2) = \sin x_1 \cdot \cos x_2 \pm \cos x_1 \cdot \sin x_2$

$\cos(x_1 \pm x_2) = \cos x_1 \cdot \cos x_2 \pm \sin x_1 \cdot \sin x_2$

$\tan(x_1 \pm x_2) = \frac{tanx_1 \pm tanx_2}{1 \pm tanx_1 \cdot tanx_2}$

**Aufgaben trigonometrische Funktionen**

1) $4 \sin x = 3 \cos x$
2) $3\sin x - 2\cos x + 3 = 0$

## 1.15 Elementare Funktionen

### 1.15.1 Ganz - rationale Funktionen

a) Potenzfunktion 1. Grades (lineare Funktion)

Allgemeine Funktionsgleichung: $y = a_0 + a_1x = mx + b$

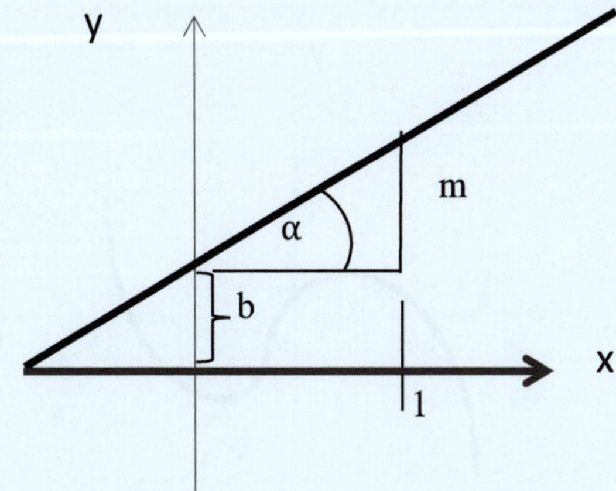


$\tan \alpha = \frac{m}{1} = m$ (Steigungsfaktor)
Der Koeffizient b gibt den Schnittpunkt der Geraden mit der y-Achse an.

b) Potenzfunktion 2. Grades (quadratische Funktion)
Allgemeine Funktionsgleichung: $y = a_0 + a_1x + a_2x^2$

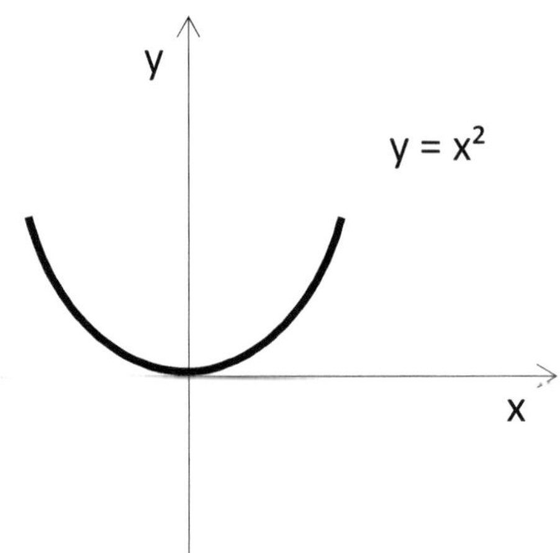


Normalparabel (axialsymmetrisch zur y-Achse, gerade Funktion, Scheitel liegt im Koordinatenursprung)

c) Potenzfunktion 3. Grades (kubische Funktion) und höher, ungerade, $n \geq 3$

Allgemeine Funktionsgleichung: $y = a_0 + a_1x + a_2x^2 + a_3x^3$

Kubische Parabel, bei nur ungeraden Glieder

⇨ zentralsymmetrisch zum Nullpunkt (ungerade Funktion)

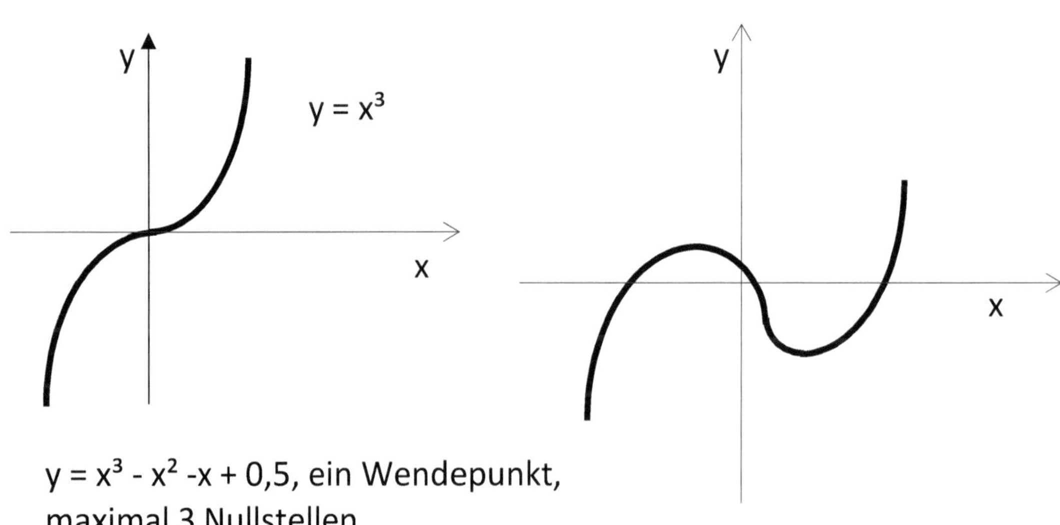


$y = x^3 - x^2 - x + 0{,}5$, ein Wendepunkt, maximal 3 Nullstellen

d) Potenzfunktion 4. und höheren Grades, gerade, n $\geq$ 4

Allgemeine Funktionsgleichung: $y = a_0 + a_1x + a_2x^2 + a_3x^3 +$

wie Parabel $y = x^2$, nur steiler, axialsymmetrisch zur y-Achse

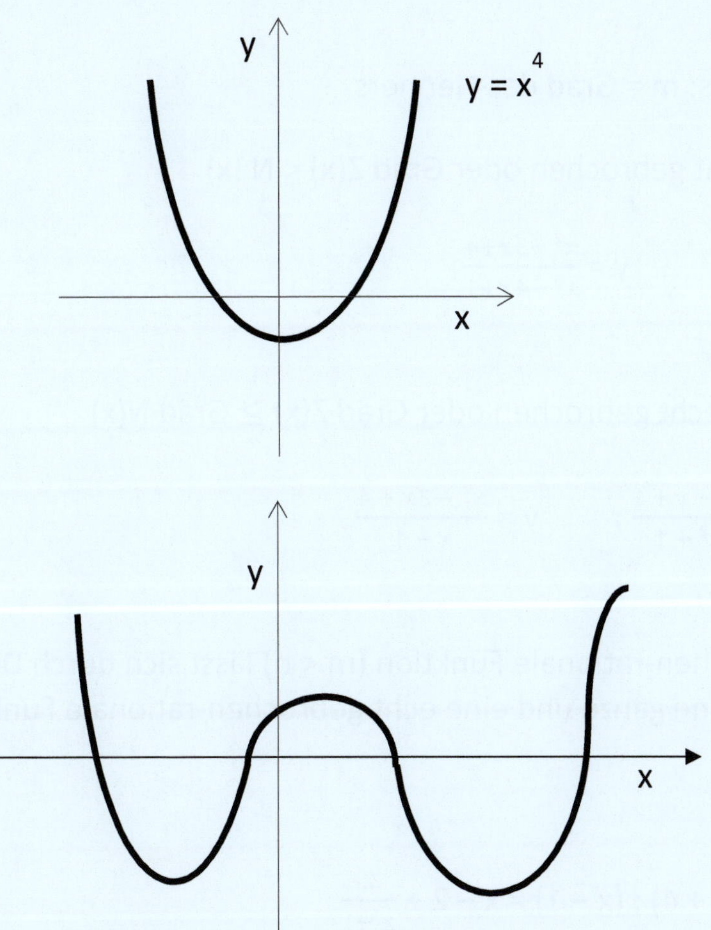


$y = x^4 - 2x^3 - 13x^2 + 14x + 24$ asymmetrisch, maximal 4 Nullstellen!

1.15.2 Gebrochen – rationale Funktionen

Funktionen, die als Quotient zweier Polynomfunktionen Z(x) und N(x) (ganz-rationale Funktionen) darstellbar sind, heißen gebrochen-rationale Funktionen.

$$f(x) = \frac{a_0 + a_1\,x + a_2\,x^2 + \cdots + a_n\,x^n}{b_0 + b_1\,x + b_2\,x^2 + \cdots + b_n\,x^n} = \frac{\sum_{i=0}^{n}\ a_i\,x^i}{\sum_{i=0}^{n}\ b_i\,x^i}$$

Eine gebrochenrationale Funktion ist für jedes x ∈ |R definiert, mit Ausnahme der Nullstelle des Nennerpolynoms.

Man unterscheidet zwischen echt und unecht gebrochen-rationale Funktionen:

n = Grad des Zählers; m = Grad des Nenners

1. n < m: echt gebrochen oder Grad Z(x) < N (x)

$$y = \frac{1}{x} \quad ; \qquad y = \frac{x^2 - 3x + 4}{x^3 - 4x + 1}$$

2. n ≥ m: unecht gebrochen oder Grad Z(x) ≥ Grad N(x)

$$y = \frac{3x^2 - x + 1}{2x^2 + 1} \quad ; \qquad y = \frac{x^2 - 3x + 4}{x - 1}$$

Jede unecht gebrochen-rationale Funktion (m < n) lässt sich durch Division Z(x) durch N(x) in eine ganze und eine echt gebrochen-rationale Funktion zerlegen.

Beispiel:

$(x^2 - 3x + 4) : (x - 1) = x - 2 + \frac{2}{x - 1}$

$\underline{-(x^2 - x)}$ p(x) r(x)

$-2x + 4$

$\underline{-(-2x + 2)}$ $\frac{Z(x)}{N(x)} = p(x) + r(x)$

$+2$

Für bestimmte x-Werte von N(x) (Nullstelle des Nennerpolynoms) existieren keine reellen Funktionswerte y. An dieser Stelle ist die Funktion unstetig. Der Graph nimmt hier hohe positive oder negative y-Werte an (y => $\pm\infty$ ). Man nennt diese Stelle einen Pol (Unendlichkeitsstelle). Die in diesem Punkt senkrecht auf der x-Achse stehende Gerade heißt Asymptote. (Für x -> a => f(x) = $\pm\infty$ ) Der Graph der Funktion schmiegt sich dabei an die in der Polstelle errichtete Parallele zur y-Achse an. Verhält sich die Funktion bei der Annäherung von beiden Seiten gleichartig, so liegt ein Pol ohne

Vorzeichenwechsel vor: $\lim_{x \to 0} f(x) = +\infty$; $\lim_{x \to 0} f(x) = -\infty$ ; ;

(oder umgekehrt)

Beispiel: a) y = $\frac{1}{x}$ b) y = $\frac{1}{x^2}$

rechtwinklige Hyperbel gleichseitige Hyperbel

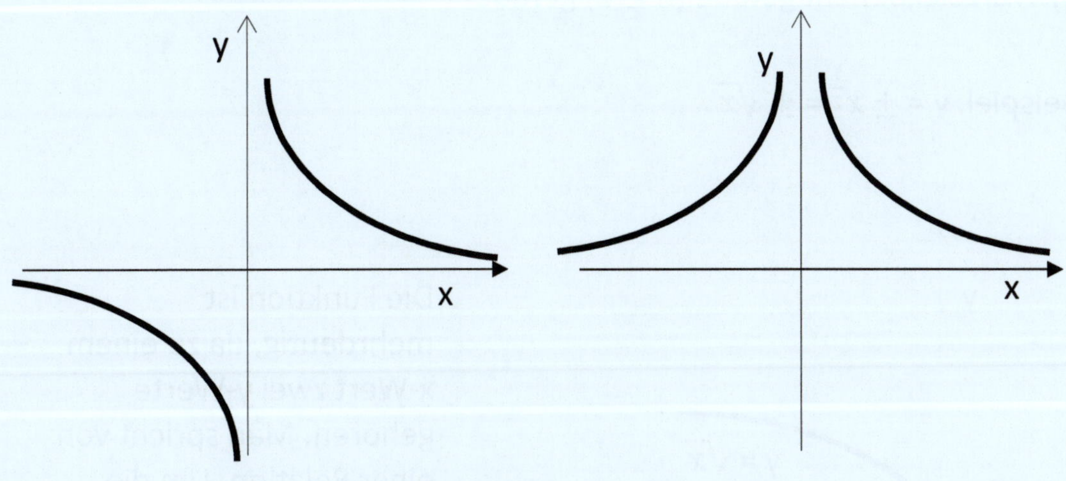


1.15.3 Wurzelfunktionen und Relationen

Es handelt sich hier um spezielle Potenzfunktionen mit gebrochenen

Exponenten (inverse Funktion von Potenzfunktionen):

y = $\sqrt[n]{m} = x^{\frac{m}{n}}$ ; m ≠ n

a) Wurzelexponent ungerade (n $\geq$ 3, ungerade)

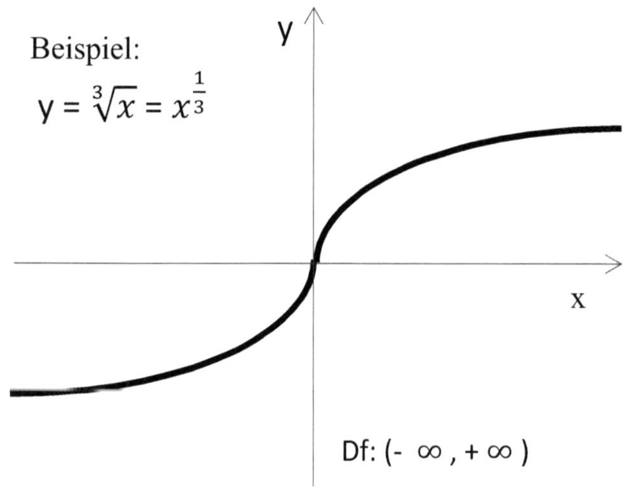


Die Funktion ist eindeutig, da jedem x-Wert genau ein y-Wert zugeordnet ist. Sie existiert für alle x-Werte und ist stetig. Dies gilt auch für die übrigen Wurzelfunktionen, bei denen der Exponent eine ungerade Zahl ist (z.B.: $y = x^{\frac{1}{5}}$, $y = x^{\frac{1}{7}}$ ).

b) Wurzelexponent gerade (n $\geq$ 2, gerade)

Beispiel: $y = \pm\, x^{\frac{1}{2}} = \pm \sqrt{x}$

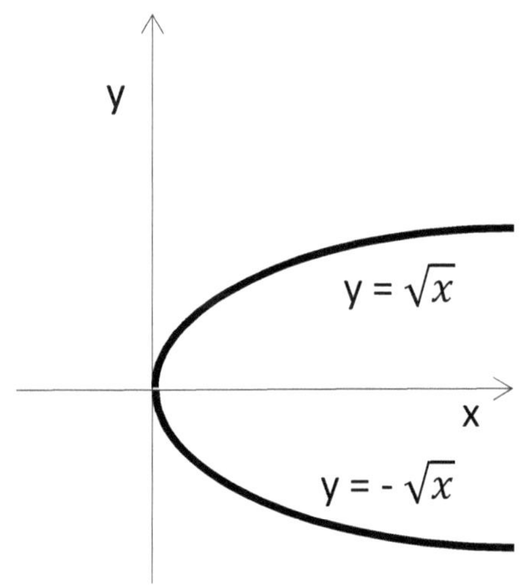


Die Funktion ist mehrdeutig, da zu einem x-Wert zwei y-Werte gehören. Man spricht von einer Relation. Um die Funktion eindeutig zu machen, wird sie in zwei einzelne Funktionen zerlegt:

$y_I = +\sqrt{x}$ ; $y_{II} = -\sqrt{x}$

Dies gilt ebenso für $y = \sqrt[4]{x}$ ; $y = \sqrt[6]{x}$ ;

c) Besondere Relationen

Kreis: $y = \pm\sqrt{9 - x^2}$

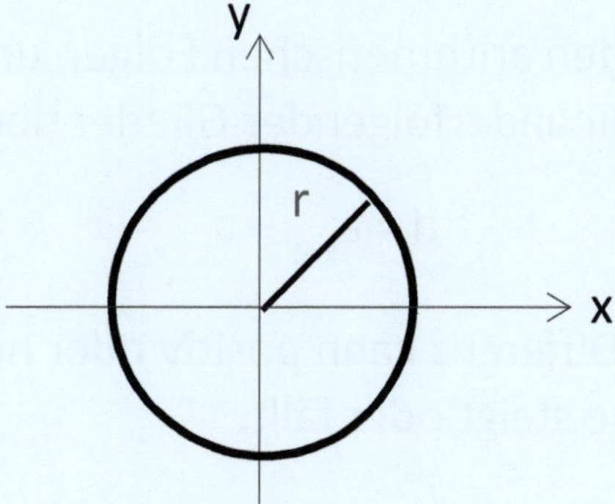


Ellipse: $y = \pm\frac{2}{3}\sqrt{9 - x^2}$

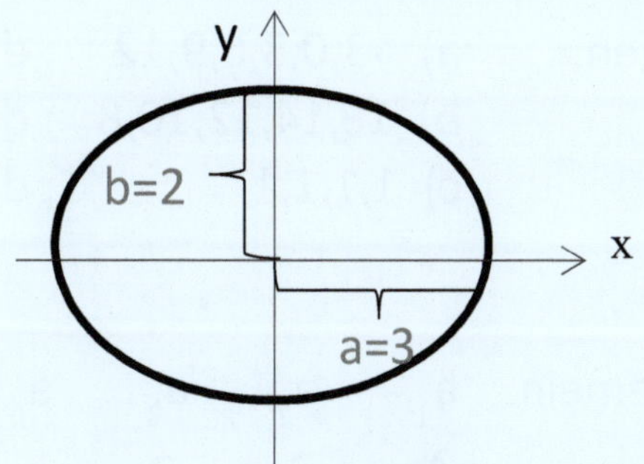


Hyperbel: $y = \pm\frac{2}{3}\sqrt{x^2 - 9}$

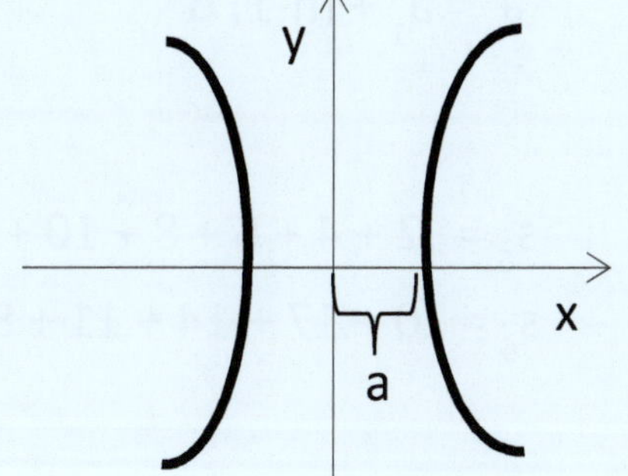


## 1.16 Arithmetische und geometrische Folgen und Reihen

### 1.16.1 Folge und Reihe

Eine Folge ist eine nach einem bestimmten Gesetz aufeinander-folgende Anzahl von Zahlen.
Die einzelnen Zahlen heißen Glieder der Folge: $a_1$ , $a_2$ … $a_n$
Durch Addition der einzelnen Glieder entsteht eine Reihe:
$s_n = a_1 + a_2 + \ldots + a_n$

### 1.16.2 Arithmetische Folge und Reihe

Bei den arithmetischen Folgen und Reihen ist die Differenz zweier aufeinanderfolgender Glieder über die ganze Folge und Reihe konstant:

$$d = a_{k+1} - a_k$$

Die Differenz kann positiv oder negativ sein, je nachdem, ob die Folge bzw. Reihe steigt oder fällt.

Folgen:

a) -3,0,3,6,9,12 ; $d = 6 - 3 = 3$ steigend

b) 16,14,12,10,8 ; $d = 12 - 14 = -2$ fallend

c) 1,1,1,1 ; $d = 0$ konstante Folge

allgemein: $a_1,\quad a_2,\quad a_3 \dots\quad a_n = \quad a_1, a_1 + d, a_1 + 2d, \dots, a_1 + (n-1)d$

1. 2. 3. $a_n$. Glied

$$a_n = a_1 + (n-1)\, d$$

Reihen:

$s_6 = 2 + 4 + 6 + 8 + 10 + 12$; $d = +2$

$s_6 = 20 + 17 + 14 + 11 + 8 + 5$; $d = -3$

allgemein : $s_n = a_1 + a_2 + a_3 + \dots + a_n$

$$s_n = a_1 + (a_1 + d) + (a_1 + 2d) + \dots + [a_1 + (n-2)d] + [a_1 + (n-1)d]$$

1. 2. 3. (n – 1)-te Glied n. Glied

$$s_n = \frac{n}{2}(a_1 + a_n) = \frac{n}{2}[2a_1 + (n-1)d]$$

Monotonie: monoton steigend : $a_{k+1} \geq a_k$

streng monoton steigend : $a_{k+1} > a_k$

monoton fallend : $a_{k+1} \leq a_k$

streng monoton fallend : $a_{k+1} < a_k$

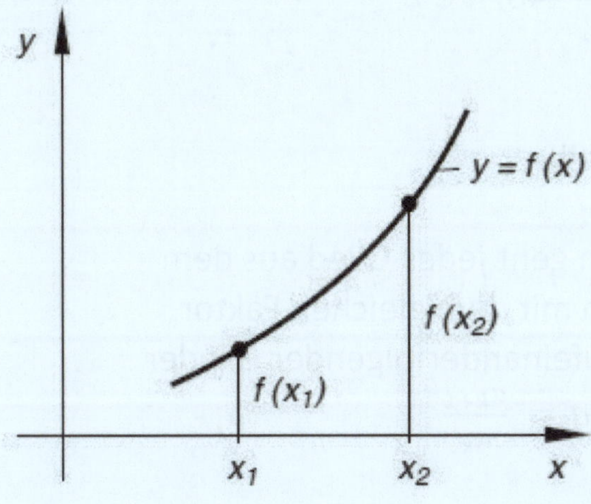


Monotonie anschaulich
streng monoton wachsend

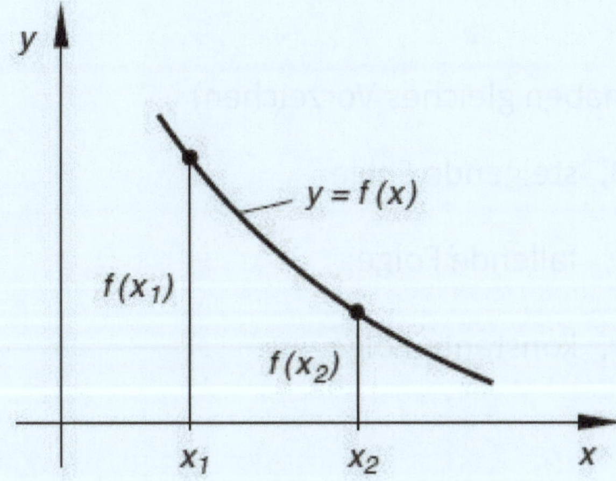


streng monoton fallend

**Aufgaben arithmetische Folgen und Reihen**

1) Auf einem Lagerplatz sind Rohre gestapelt: Wie viele Rohre können gestapelt werden, wenn in der ersten Reihe 12 Rohre liegen?

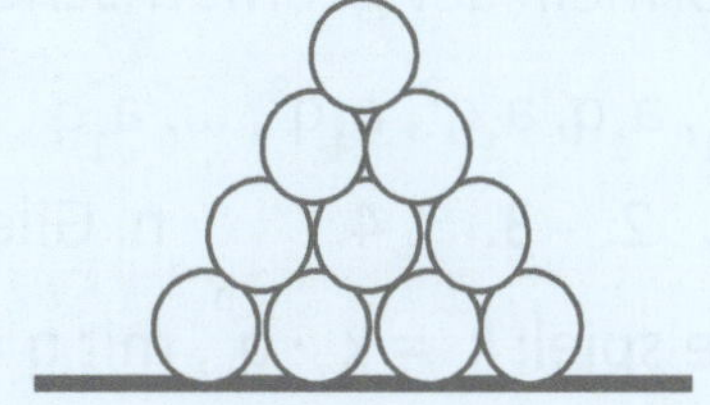

2) $a_1 = 1$, $d = 3$, $a_{10} = ?$, $s_{10} = ?$, $n = 10$

3) Von einer arithmetischen Reihe sind die ersten beiden Glieder und die Summe $s_n$ bekannt. Wie groß sind n und $a_n$?

$$a_1 = 3\tfrac{1}{3}, \quad a_2 = 4\tfrac{2}{3}, \quad s_n = 448, \; n \in Z^+$$

## 1.16.3 Die geometrische Folge und Reihe

Bei geometrischen Folgen und Reihen geht jedes Glied aus dem vorhergehenden durch Multiplikation mit dem gleichen Faktor hervor oder der Quotient q zweier aufeinanderfolgender Glieder einer Folge oder Reihe ist konstant: $q = \frac{a_{k+1}}{a_k}$

Fälle:

a) $q > 0$ (positiv, alle Glieder haben gleiches Vorzeichen)

$q > 1$: 3, 9, 27, 81; $q = 3$, steigende Folge

$q < 1$: 64, 32, 16, 8; $q = \frac{1}{2}$, fallende Folge

$q = 1$: 3, 3, 3, 3 ; $q = 1$, konstante Folge

b) $q < 0$ (negativ, die Glieder haben abwechselndes Vorzeichen)
3, -6, 12, - 24; $q = -2$, alternierend

Formeln der geometrischen Folge:

$a_1, a_1q, a_1q^2, a_1q^3, \ldots, a_1q^{n-1} \Rightarrow a_n = a_1 \cdot q^{n-1}$

1. 2. 3. 4. n. Glied;

Beispiel: $k_n = k_0 \cdot q^n$, mit $q = 1 + \frac{p}{100}$ Zinseszinsformel

Formel der geometrischen Reihe:

$$s_n = a_1 + a_1q + a_1q^2 + \dots + a_1q^{n-1} \quad | \cdot q$$

$$q \cdot s_n = \quad a_1q + a_1q^2 + \dots + a_1q^{n-1} + a_1q^n$$

$$s_n - q \cdot s_n = a_1 \quad - a_1q^n$$

$$s_n (1 - q) = a_1 (1 - q^n) \Rightarrow S_n = \frac{a_1 (1 - q^n)}{1 - q} = \frac{a_1 (q^n - 1)}{q - 1}$$

$[q < 1]$ $[q > 1]$

**Aufgaben geometrische Reihe:**

1) Wie groß ist das 9. Glied der geometrischen Reihe und die Summe der ersten 9 Glieder?

   $a_1 = \frac{1}{8}$, $a_2 = \frac{1}{4}$; $a_n = ?$, $s_n = ?$

2) Wie viele Glieder hat die folgende geometrische Reihe und wie heißt das Endglied?

   $a_1 = -\frac{3}{2}$, $q = -2$, $s_n = 127{,}5$

3) Die Summe des 5. und des 6. Gliedes einer geometrischen Folge beträgt 2268; die Differenz des 5. und 6. Gliedes verhält sich zur Differenz des 10. und 11. Gliedes wie 1 zu 243. Man berechne das Anfangsglied und den Quotienten der Folge.

   $a_1 = ?$; $q = ?$

# Lösungen

## Lösungen Ebene Trigonometrie

1) Geg.: c = 56,40 m, $\alpha$ = 38°16′. Gesucht: a, b, $\beta$.

$\beta$ = 90° - 38°16′ = 51° 44′

a = c · sin $\alpha$ = 56,4 · sin 38,266 = 34,93 m;
b = c · cos $\alpha$ = 56,4 · cos 38,266 = 44,28 m

2) Geg.: a = 148,20 m, $\beta$ = 56°23′. Gesucht: b, c, $\alpha$.

$\alpha$ = 90° - 56°23′ = 33° 37′

b = a · tan$\beta$ = 148,20 · tan 56,383 = 222,92 m;

$$c = \frac{b}{\sin\beta} = \frac{222{,}92}{\sin 56{,}383} = 267{,}7 \text{ m}$$

3) Geg.: a = 345 m, c = 2,36 km. Gesucht: b, $\alpha$, $\beta$.

$\beta$ = 90° - 8°24′ = 81° 36′

$$\sin\alpha = \frac{a}{c} = \frac{345}{2360} = 0{,}146; \text{ arcsin } \alpha = 8{,}41 = 8°24′;$$

b = c · cos $\alpha$ = 2360 · cos 8,41 = 2334,65 m

4) Geg.: a = 10,74 m, b = 6,48 m. Gesucht: c, $\alpha$, $\beta$.

$\beta$ = 90° - 58°54′ = 31° 6′

$$\tan\alpha = \frac{a}{b} = \frac{10{,}74}{6{,}48} = 1{,}657 \text{ ; arctan } \alpha = 58{,}895 = 58°54′ \text{ ;}$$

$$c = \frac{a}{sin\alpha} = \frac{10{,}74}{\sin 58{,}895} = 12{,}54 \text{ m}$$

**Lösungen rechtwinkliges Dreieck:**

1) Ein kugelförmiger Freiballon mit dem Durchmesser d = 16 m wird unter einem Sehwinkel von $\alpha$ = 22′ beobachtet. Wie weit ist der Mittelpunkt des Ballons vom Beobachter entfernt?

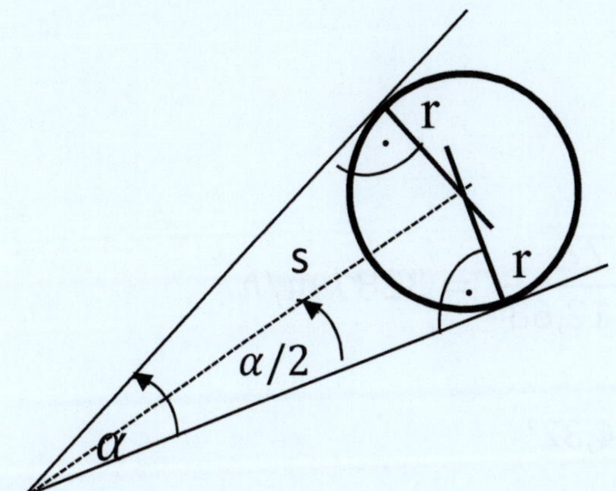


$$\sin\frac{\alpha}{2} = \frac{r}{s}$$

$$\Rightarrow s = \frac{r}{\sin\frac{\alpha}{2}} = \frac{8}{\sin\frac{11}{60}} = 2500{,}18 \text{ m}$$

2) Welchen Kurs muss ein Flugzeug steuern, das eine Endgeschwindigkeit vom Betrag v = 320 km/h besitzt und genau nach Osten fliegen soll, wenn SW-Wind von der Stärke 9 m/s weht? Wie lange dauert es, bis die Zielentfernung in 1500 km erreicht wird?

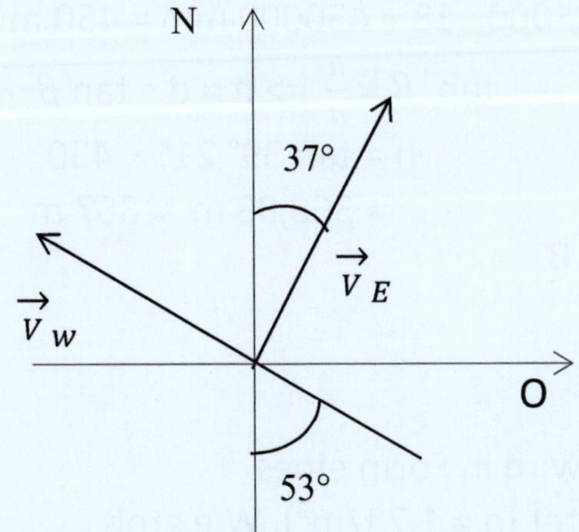


$$\vec{v}_W = 20\text{m/s} \cdot \frac{3600}{1000} = 72 \text{ km/h}$$

$$\vec{v}_E + \vec{v}_W = \vec{v}_G$$

$$\tan\alpha = \frac{\vec{V}_W}{\vec{V}_E} = \frac{72}{320} = 0{,}2250;$$

arctan 0,2250 = 12,68°

$\vec{V}_W$ Geschwindigkeit West; $\vec{V}_E$ Geschwindigkeit East

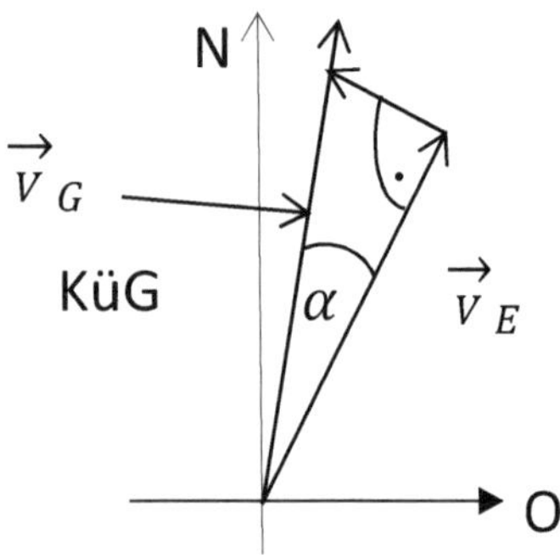


$$\sin\alpha = \frac{\vec{v}_w}{\vec{v}_G} \Rightarrow \vec{v}_G = \frac{\vec{v}_w}{\sin\alpha} = \frac{72}{\sin 12{,}68^\circ} = 328\ km/h$$

Kurs über Grund: $\delta$ = 37° -12,68° = 24,32°

1500/328 = 4,573 h = 4h 34,4 min

3) Von einem Aussichtsturm A aus sieht man einen Punkt B im Tal unter dem Senkungswinkel β = 39° 21'. Auf der Karte 1: 25000 beträgt die Entfernung AB = 18 mm. Wie hoch liegt A über B?

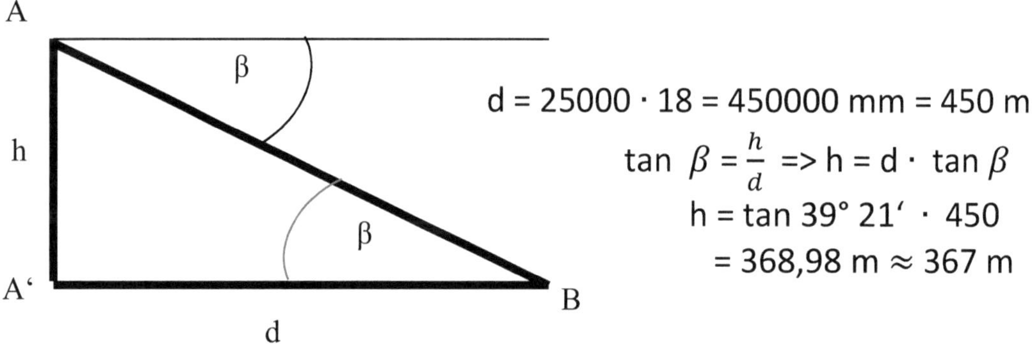


d = 25000 · 18 = 450000 mm = 450 m

$\tan\ \beta = \frac{h}{d}$ => h = d · $\tan\beta$

h = tan 39° 21' · 450

= 368,98 m ≈ 367 m

4) Eine Ladung Sand von der Masse 15 t wird in Form eines Kegelstumpfes von h = 1m aufgeschüttet ($\rho$ = 1,7 t/m³). Wie groß sind die beiden Grundhalbmesser, wenn der Böschungswinkel $\alpha$ = 26° beträgt?

$$\frac{y}{r} = \frac{h}{x} \Rightarrow y = \frac{h \cdot r}{x} = \frac{r}{x};$$

$$\tan 26° = \frac{h}{x} \Rightarrow x = \frac{h}{\tan 26°} \approx 2{,}05 \text{ m}$$

$$m = V \cdot \rho \Rightarrow V = \frac{m}{\rho}$$

$$= V_{\text{großer Kegel}} - V_{\text{kleiner Kegel}}$$

$$= \frac{1}{3}\pi (x + r)^2 \cdot (h + y) - \frac{1}{3}\pi r^2 y \Rightarrow \frac{15}{1{,}7} = \frac{1}{3}\pi (x+r)^2 \cdot (1 + y) - \frac{1}{3}\pi r^2 y \mid \cdot \frac{3}{\pi}$$

$$\Rightarrow \frac{45}{1{,}7\pi} = (x+r)^2 \cdot \left(1 + \frac{r}{x}\right) - r^2 \cdot \frac{r}{x} = (x^2 + 2xr + r^2)\left(1 + \frac{r}{x}\right) - \frac{r^3}{x}$$

$$\frac{45}{1{,}7\pi} = x^2 + 2xr + r^2 + rx + 2r^2 + \frac{r^3}{x} - \frac{r^3}{x} = 3r^2 + 3xr + x^2 \mid : 3$$

$$\frac{15}{1{,}7\pi} = r^2 + xr + \frac{x^2}{3} \Rightarrow r^2 + 2{,}05r + \underbrace{\frac{2{,}05^2}{3} - \frac{15}{1{,}7\pi}}_{-1{,}408} = 0$$

in die p,q – Formel eingesetzt $\Rightarrow r_{1,2} = -1{,}025 \pm \sqrt{1{,}025^2 + 1{,}408}$

$r = 0{,}543$ m; $R = x + r = 2{,}05 + 0{,}543 = 2{,}593$ m

**Lösungen schiefwinkliges Dreieck:**

1) In einem Dreieck sind gegeben: $\alpha = 40°$, $\gamma = 60°$ und $b = 8$ cm. Bestimmen Sie die übrigen Seiten und Winkel!

$\beta = 180° - (\alpha + \gamma) = 180° - (40° + 60°) = 80°$

$\frac{c}{b} = \frac{sin\gamma}{sin\beta}$ => $c = \frac{sin\gamma}{sin\beta} \cdot b = \frac{sin60°}{sin80°} \cdot 8$ cm = 7,04 cm

$a^2 = b^2 + c^2 - 2bc \cdot cos\alpha$ => $a = \sqrt{b^2 + c^2 - 2bc \cdot cos\alpha}$

$a = \sqrt{8^2 + 7{,}04^2 - 2 \cdot 8 \cdot 7{,}04 \cdot cos40°} = 5{,}22$ cm

oder $\frac{a}{b} = \frac{sin\alpha}{sin\beta}$ => $a = \frac{sin\alpha}{sin\beta} \cdot b = \frac{sin40°}{sin80°} \cdot 8 = 5{,}22$ cm

2) Welchen Kurs muss ein Flugzeug steuern, das eine Endgeschwindigkeit vom Betrag v = 320 km/h besitzt und genau nach Osten fliegen soll, wenn SW-Wind von der Stärke 9 m/s weht? Wie lange dauert es, bis die Zielentfernung in 1500 km erreicht wird?

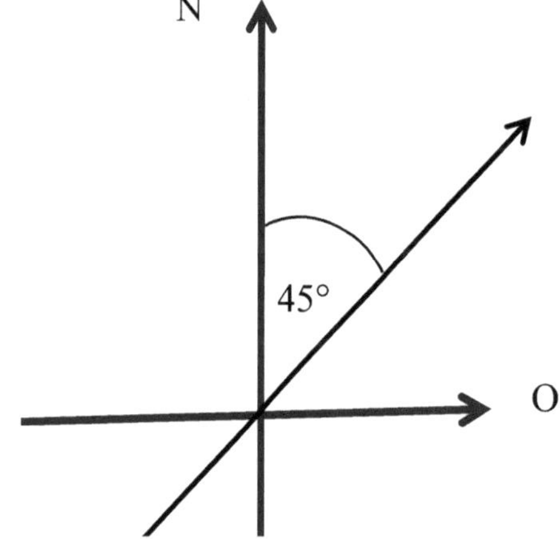


$\vec{v}_W = 9m/s = 9 \cdot 3{,}6 = 32{,}4$ km/h;
W-Richtung 45°
$\vec{v}_E = 320$ km/h; KüG 90°
$\vec{v}_E + \vec{v}_W = \vec{v}_G$

$$\frac{sin\beta}{sin\alpha} = \frac{\vec{v}_W}{\vec{v}_E} \Rightarrow sin\beta = \frac{\vec{v}_E}{\vec{v}_W} \cdot sin\alpha$$

$$= \frac{32{,}4}{320} \cdot \sin 45° \,;$$

$\beta = 4{,}11°$,

$\gamma = 180° - 45° - 4{,}11° = 130{,}89°$

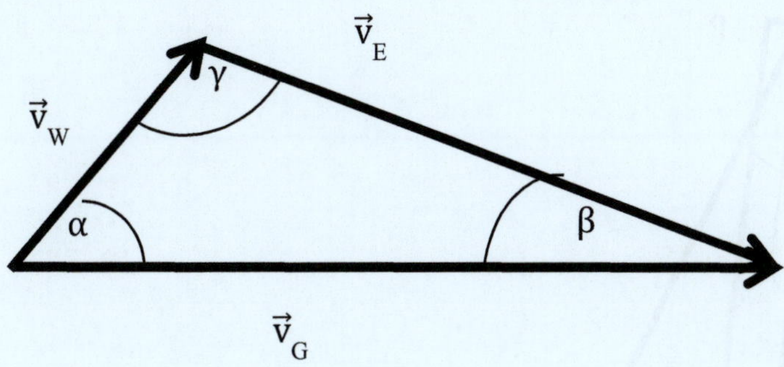


$\vec{v}_G{}^2 = \vec{v}_W{}^2 + \vec{v}_E{}^2 - 2\,\vec{v}_W \cdot \vec{v}_E \cdot \cos\gamma$

$\vec{v}_G = \sqrt{32{,}4^2 + 320^2 - 2 \cdot 32{,}4 \cdot 320 \cdot \cos 130{,}89°}$

$\vec{v}_G = 342{,}08$ km/h

$$v = \frac{s}{t} \Rightarrow t = \frac{s}{v} = \frac{1500}{342{,}08} = 4\text{h } 23{,}1 \text{ min}$$

Alternativ: Sinussatz

$$\frac{sin\gamma}{\vec{v}_G} = \frac{sin45°}{\vec{v}_E} \Rightarrow \vec{v}_G = \frac{sin130{,}89°}{sin45°} \cdot 320 = 342{,}11 \text{ km/h}$$

3) Durch einen Bergrücken soll von P nach Q ein waagerechter Tunnel getrieben werden. Um Länge und Richtung des Tunnels zu bestimmen, steckt man auf dem Bergrücken eine waagerechte Standlinie AB = a = 485,7 m ab und misst die Horizontalwinkel $\alpha_1 = 59°27'$, $\alpha_2 = 41°32'$, $\beta_1 = 67°19'$, $\beta_2 = 70°41'$. Wie groß ist der Winkel $\delta$?

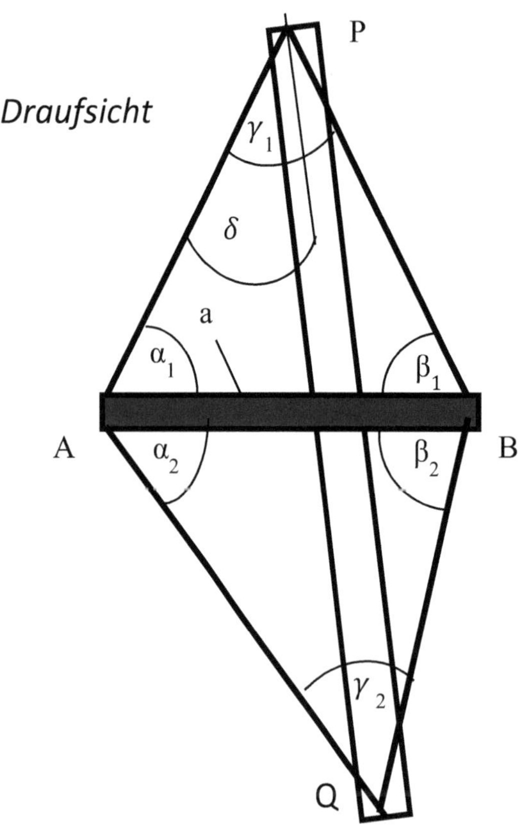


$\gamma_1 = 180° - \alpha_1 - \beta_1 = 180° - 59°27' – 67°19' = 53°14'$

$\gamma_2 = 180° - \alpha_2 - \beta_2 = 180° - 41°32' – 70°41' = 67°47'$

$$\frac{AP}{a} = \frac{sin\beta_1}{sin\gamma_1} \Rightarrow AP = \frac{sin\beta_1}{sin\gamma_1} \cdot a = \frac{sin67°19'}{sin53°14'} \cdot 485{,}7 = 559{,}41 \text{ m}$$

$$\frac{AQ}{a} = \frac{sin\beta_2}{sin\gamma_2} \Rightarrow AQ = \frac{sin\beta_2}{sin\gamma_2} \cdot a = \frac{sin70°41'}{sin67°47'} \cdot 485{,}7 = 495{,}11 \text{ m}$$

$$PQ = \sqrt{AP^2 + AQ^2 - 2\,AP \cdot AQ \cdot \cos(\alpha_1 + \alpha_2)}$$

$$PQ = \sqrt{559{,}41^2 + 495{,}11^2 - 2 \cdot 559{,}41 \cdot 495{,}11 \cdot \cos(59°27' + 41°32')} = 814{,}62 \text{ m}$$

$\frac{\sin\delta}{AQ} = \frac{\sin(\alpha_1 + \alpha_2)}{PQ}$ ; $\sin\delta = \frac{\sin(\alpha_1 + \alpha_2)}{PQ} \cdot AQ$

$\sin\ \delta = \frac{\sin 100°59'}{814{,}62} \cdot 495{,}11 = 0{,}596647$

$\delta = 36{,}63° = 36°37{,}8'$

**Lösungen trigonometrische Funktionen**

Aufgabe: 1) 4 sinx = 3 cosx

Man dividiert mit cosx

4 tan x = 3 => tanx = $\frac{3}{4}$ => $x_1$ = 36° 52' und $x_2$ = 216°52'

Da sinx die Periode 360° hat, so erhält man weitere Lösung, wenn man zu $x_1$, $x_2$, $x_3$ Vielfache von 360° addiert.

Aufgabe: 2) 3sinx – 2cos x + 3 = 0

**Erste Lösung:** mit $\sin^2 x + \cos^2 x = 1$ erhält man cosx = $\sqrt{1 - sin^2x}$ , dies in die obige Gleichung eingesetzt ergibt:

$3\sin x + 3 = 2\sqrt{1 - sin^2x}$

$9\sin^2 x + 18\sin x + 9 = 4\,(1 - \sin^2 x)$

$13\sin^2 x + 18\sin x + 5 = 0$

$\sin^2 x + \frac{18}{13}\sin x + \frac{5}{13} = 0$

$\sin x_{1,2} = -\frac{9}{13} \pm \sqrt{\left(\frac{9}{13}\right)^2 - \frac{5}{13}}$

$= -\frac{9}{13} \pm \sqrt{\frac{81-65}{13^2}} = -\frac{9}{13} \pm \frac{4}{13} = \sin x_1 = -\frac{5}{13}$ , $\sin x_2 = -1$

$\sin x_1 = -\frac{5}{13} \Rightarrow x_1 = -22{,}62° + 360° = 337{,}38°$

$\sin x_2 = -1 \Rightarrow x_2 = 270°$

Probe, die Wurzellösung ergibt

für $x_1$: $3(\sin 337{,}38°) - 2(\cos 337{,}38°) + 3 = 0$, $x_1$ ist somit eine Lösung,

für $x_2$: $3(-1) - 2(0) + 3 = 0$, womit auch $x_2$ eine Lösung ist.

**Zweite Lösung:**

Durch die Verwendung der zugehörige Doppelwinkelfunktionen

$$\sin 2\alpha = \frac{2\tan\alpha}{1+\tan^2\alpha} \quad \text{und } \cos 2\alpha = \frac{1-\tan^2\alpha}{1+\tan^2\alpha}$$

mit $\alpha = \frac{1}{2}x$ eingesetzt $\Rightarrow \sin x = \frac{2\tan\frac{1}{2}x}{1+\tan^2\frac{1}{2}x}$; $\cos x = \frac{1-\tan^2\frac{1}{2}x}{1+\tan^2\frac{1}{2}x}$

erhält man:

$$3\,\frac{2\tan\frac{1}{2}x}{1+\tan^2\frac{1}{2}x} - 2\,\frac{1-\tan^2\frac{1}{2}x}{1+\tan^2\frac{1}{2}x} + 3 = 0$$

multipliziert die Gleichung mit $1 + \tan^2\frac{1}{2}x$ und erhält

$$3 \cdot 2\tan\frac{1}{2}x - 2\left(1 - \tan^2\frac{1}{2}x\right) + 3\left(1 + \tan^2\frac{1}{2}x\right) = 0$$

$$5\tan^2\frac{1}{2}x + 6\tan\frac{1}{2}x + 1 = 0 \Rightarrow \tan^2\frac{1}{2}x + \frac{6}{5}\tan\frac{1}{2}x + \frac{1}{5} = 0$$

$$\tan\frac{1}{2}x = -\frac{3}{5} \pm \sqrt{\left(-\frac{3}{5}\right)^2 - \frac{1}{5}} \Rightarrow \tan\frac{1}{2}x = -\frac{3}{5} \pm \frac{2}{5} \Rightarrow -\frac{1}{5}\,;\ -1$$

Wir erhalten die zwei Lösungen:

$\tan \frac{1}{2}x = -\frac{1}{5}$

$\frac{1}{2}x = 168°41'$ => $x_1 = 337°22'$

und

$\tan \frac{1}{2}x = -1$

$\frac{1}{2}x = 135°$ => $x_2 = 270°$

**Lösungen arithmetische Folgen und Reihen**

1) Auf einem Lagerplatz sind Rohre gestapelt:
Wie viele Rohre können gestapelt werden, wenn in der ersten Reihe 12 Rohre liegen?

In jeder Reihe liegt ein Rohr weniger als in der vorhergehenden:

es ergibt sich die Zahlenfolge:

$a_1 = 12, a_2 = 11, a_3 = 10, \ldots, a_{12} = 1 \Rightarrow a_{n+1} - a_n = d = -1 \; (n = 1, \ldots, 11)$

Gesucht ist die Summe: $s_n = \frac{n}{2}(a_n + a_1) = \frac{12}{2}(1 + 12) = 78$

$s_{10} = \frac{10}{2}(1 + 28) = 145$; wenn $a_n$ unbekannt

$\Rightarrow s_{10} = \frac{10}{2}[2 \cdot 1 + (10 - 1) \cdot 3] = 145$

2) $a_1 = 1$, $d = 3$, $a_{10} = ?$, $s_{10} = ?$, $n = 10$

$a_{10} = 1 + (10 - 1)\,3 = 28$. $a_n = a_1 + (n - 1)\,d$

3) Von einer arithmetischen Reihe sind die ersten beiden Glieder und die Summe $s_n$ bekannt. Wie groß sind n und $a_n$?

$a_1 = 3\frac{1}{3}$ , $a_2 = 4\frac{2}{3}$ , $s_n = 448$, $n \in Z^+$ $d = 4\frac{2}{3} - 3\frac{1}{3} = 1\frac{1}{3} = \frac{4}{3}$

$$448 = \frac{n}{2}[2 \cdot 3\frac{1}{3} + (n-1) \cdot \frac{4}{3}] = \frac{10}{3}n + \frac{2}{3}n^2 - \frac{2}{3}n$$

$$\frac{2}{3}n^2 + \frac{8}{3}n - 448 = 0 \quad | \cdot \frac{3}{2}$$

$$n^2 + 4n - 672 = 0 \quad n_{1,2} = -2 \pm \sqrt{4 + 672}$$

$$= -2 \pm 26 \quad n_1$$

$$= -28\ (\notin Z^+)\ ; \ n_2 = 24$$

$$\Rightarrow a_{24} = \frac{10}{3} + (24-1)\frac{4}{3} = \frac{102}{3} = 34$$

**Lösungen geometrische Reihe**

1) Wie groß ist das 9. Glied der geometrischen Reihe und die Summe der ersten 9 Glieder?

$a_1 = \frac{1}{8}$, $a_2 = \frac{1}{4}$; $a_n = ?$, $s_n = ?$

$$q = \frac{a_k}{a_{k+1}} \qquad q = \frac{\frac{1}{4}}{\frac{1}{8}} = 2,\ n = 9\ ;\ q = +2 \Rightarrow \text{steigende Folge}$$

$$a_n = a_1 \cdot q^{n-1} \qquad a_9 = \frac{1}{8} \cdot 2^{9-1} = \frac{1}{2^3} \cdot 2^8 = 2^5 = 32$$

$$s_n = \frac{a_1(q^n - 1)}{q - 1}$$

$$s_9 = \frac{\frac{1}{8}\cdot(2^9-1)}{2-1} = 2^{-3}\cdot 2^9 - \frac{1}{8} = 63\tfrac{7}{8} = 63{,}875$$

$[\,q > 1\,]$

2) Wie viele Glieder hat die folgende geometrische Reihe und wie heißt das Endglied?

$a_1 = -\frac{3}{2}$, $\qquad q = -2$, $\qquad s_n = 127{,}5$

$$S_n = \frac{a_1\,(1-q^n)}{1-q} \qquad [\,q < 1\,]$$

$$127{,}5 = \frac{\left(-\frac{3}{2}\right)\cdot[1-(-2)^n]}{1-(-2)} = \left(-\frac{1}{2}\right)\cdot[1-(-2)^n] \quad |\cdot(-2)$$

$$-255 = 1 - (-2)^n$$

$(-2)^n = 256$ Da der Potenzwert positiv ist, muss n gerade sein!

$(-2)^n \Rightarrow (2)^n = 256 \mid \lg$

$n \lg 2 = \lg 256 \Rightarrow n = \frac{\lg 256}{\lg 2} = \underline{8}$ $\qquad$ oder $n = \lg_2 256 = 8$

$$a_8 = \left(-\frac{3}{2}\right)\cdot(-2)^{8-1} = \underline{192}$$

3) Die Summe des 5. und des 6. Gliedes einer geometrischen Folge beträgt 2268; die Differenz des 5. und 6. Gliedes verhält sich zur Differenz des 10. und 11. Gliedes wie 1 zu 243. Man berechne das Anfangsglied und den Quotienten der Folge.

$a_1 = ?$; $q = ?$

$a_5 + a_6 = 2268$ Geometrische Folge: $a_n = a_1 \cdot q^{n-1}$

$\frac{a_5 - a_6}{a_{11} - a_{10}} = \frac{1}{243}$ $a_5 = a_1 q^4$; $a_6 = a_1 q^5$; $a_{10} = a_1 q^9$; $a_{11} = a_1 q^{10}$

$$\frac{a_1 q^5 - a_1 q^4}{a_1 q^{10} - a_1 q^9} = \frac{1}{243} \Rightarrow \frac{a_1 q^4 (q-1)}{a_1 q^9 (q-1)} = \frac{1}{243}$$

$$\Rightarrow q^5 = 243 \Rightarrow q = 3$$

$$a_1 q^4 + a_1 q^5 = 2268 \Rightarrow a_1 q^4 (1+q) = 2268$$

$$\Rightarrow a_1 = \frac{2268}{q^4 (1+q)} = \frac{2268}{3^4 (1+3)} = 7$$

# Literaturverzeichnis


## Physik

Physik Alonso/ Finn, Verlag: Inter European Edition 1977
Verlag: Oldenbourg, 26. Januar 2000

Lehrbuch der Experimentalphysik, Optik Band III 8. Auflage,
Bergmann Schäfer, Verlag: de Grutyter, 1987
10. Auflage vom 24. September 2004

## Mathematik

Vorlesungsskript Höhere Mathematik (TWL) Detlef Uhlich †

Mathematik für Ingenieure und Naturwissenschaftler, Lothar Papula, Band 1, Vieweg-Verlag

Mathematik für Ingenieure und Naturwissenschaftler, Lothar Papula, Band 2, Vieweg-Verlag

Mathematik für Ingenieure und Naturwissenschaftler, Lothar Papula, Klausur- und Übungsaufgaben, Vieweg-Verlag

Mathematische Formelsammlung, Lothar Papula, Vieweg-Verlag

Mathematik für Ingenieure, Lehrbuch, Thomas Rießinger, Springer Vieweg

Mathematik für Ingenieure, Übungsbuch, Thomas Rießinger, Springer Vieweg

3000 solved Problems in Calculus, Elliott Mendelson, Schaum's outlines

Höhere Mathematik kompakt, Lehrbuch, Georg Hoever, Springer Spektrum

Arbeitsbuch Höhere Mathematik, Lehrbuch, Georg Hoever, Springer Spektrum

Notizen

Notizen

Notizen